RENSHI DIZHEN CONGSHU

地震自救与互救 应急避险自助 救护大全

　　只有全面认识地震，才能正确地对待地震。只有了解地震的成因和分布特点，了解地震中的救护知识和地震后的防疫知识等，才能真正做好有效的防震准备，在地震来临的时候不恐慌，冷静应对。

本丛书编委会
原英群 王晖龙 李小静◎编

世界图书出版公司
WPC
广州·北京·上海·西安

图书在版编目（CIP）数据

地震自救与互救：应急避险自助救护大全/《认识地
震丛书》编委会编．—广州：广东世界图书出版公司，
2009.9（2024.2 重印）
（认识地震丛书）
ISBN 978－7－5100－0717－0

Ⅰ．地… Ⅱ．认… Ⅲ．地震灾害—自救互救—基本知识
Ⅳ．P315.9

中国版本图书馆 CIP 数据核字（2009）第 146651 号

书　　名	地震自救与互救应急避险自助救护大全
	DIZHEN ZIJIU YU HUJIU YINGJI BIXIAN ZIZHU JIUHU DAQUAN
编　　者	《认识地震丛书》编委会
责任编辑	鲁名琰
装帧设计	三棵树设计工作组
出版发行	世界图书出版有限公司　世界图书出版广东有限公司
地　　址	广州市海珠区新港西路大江冲 25 号
邮　　编	510300
电　　话	020-84452179
网　　址	http://www.gdst.com.cn
邮　　箱	wpc_gdst@163.com
经　　销	新华书店
印　　刷	唐山富达印务有限公司
开　　本	787mm×1092mm　1/16
印　　张	13
字　　数	160 千字
版　　次	2009 年 9 月第 1 版　2024 年 2 月第 7 次印刷
国际书号	ISBN　978-7-5100-0717-0
定　　价	49.80 元

"光辉书房新知文库"

总策划/总主编:石 恢

副总主编:王利群 方 圆

本书作者

原英群 *科普作者*

王晖龙 *科普作者*

李小静 *科普工作者*

序 言

中国是一个地震灾害极其严重的国家，国内的地震具有频度高、分布广、震源浅、强度大和成灾率高等特点。地震灾害在我国是名副其实的群灾之首，根据有关部门的统计，我国自然灾害死亡人口中，死于地震灾害的占一半以上。新中国成立以来，我国发生了多次特大地震，其中以 1976 年发生的唐山大地震和 2008 年发生的汶川大地震最为典型，都造成了巨大的人员伤亡和财产损失。地震灾害严重威胁着人民的人身和财产安全，对我国经济社会的发展也起着制约作用。

早在 1997 年，我国就制定了《中华人民共和国防震减灾法》，标志着我国的防震减灾工作已经纳入到法制化管理的轨道。在汶川大地震发生以后，吸取了地震中的经验和教训，我国又组织专家、学者对《防震减灾法》进行了较大规模的修订，新修改的《中华人民共和国防震减灾法》已由中华人民共和国第十一届全国人民代表大会常务委员会第六次会议于 2008 年 12 月 27 日通过，并于 2009 年 5 月 1 日起开始施行。从中我们可以看出国家对地震灾害的重视程度。

提高包括青少年朋友在内的广大民众的科学素养和应对灾害的能力，是我国实行科教兴国战略的具体要求，也是我们编写这套丛书的宗旨。

本套"认识地震"丛书，主要包含以下四方面的内容：

第一，普及地震常识，教给人们在地震发生时自救互救的方法。通过介绍各种避震的要诀，让人们掌握基本的避震方法，以及地震发生后的自救与互救技巧。

第二，介绍一些急救的知识，让人们学会紧急救护的方法。地震发生以后，往往会发生伤员出血、骨折等各种伤害的情况，因此，掌握特殊情况下的紧急救治措施，也是非常必要的。

第三，介绍震后的防病防疫知识，让人们能够做到自觉远离病疫。震后的灾区，面临着病疫流行的威胁，因此，针对震后灾区的防病防疫就必不可少，这也是人们应该了解的基本常识。

第四，介绍震后的心理康复知识，帮助受灾群众早日走出心理创伤的阴影。地震不仅会对人们的身体造成伤害，地震中的心灵创伤也是不可避免的，并且在很多情况下，地震灾后的心灵创伤与地震瞬时的伤害相比，要更为持久、更为严重，因此，地震灾后的心理康复问题，是所有经历地震的人们都必须经历的个人心理调适过程，也是一个包括震区在内的全社会的心理重建的过程。

目前，人类还无法完全控制地震，但只有全面认识地震，才能正确地对待地震。通过增强人们自我保护的意识，树立人们防灾害避害的信心，真有一天地震不幸来临之际，我们才有足够的知识、能力和勇气，去面对地震，并将地震可能带来的危害降到最低。

王苹

成都市社科联副主席、社科院副院长

目录｜Contents

Contents|目录

目录│Contents

引　言

　　地震是一种破坏力很大的自然灾害,对人类生命和财产安全构成极大威胁,为群灾之首。地震灾害会造成建筑物的破坏和倒塌、地裂、道路破坏,还会引起火灾、水灾、滑坡、泥石流等次生灾害,甚至会在震后出现瘟疫、霍乱的大规模暴发。地震还会对震区的人们造成身体和心理上的持久伤害,对他们的健康状况和生活质量产生严重的影响,这种影响甚至可能长达一生。

　　由于地震会造成如此大的破坏,对人们身心健康的影响如此显著,因此一直以来,如何应对地震的问题就成为人们关注和研究的焦点,尤其是地震中的自救与互救被认为是人们减轻地震伤害的一条有效途径。

　　地震中的自救与互救,其含义有狭义和广义之分,狭义的地震自救与互救是指正在发生地震的过程中和地震发生后的短暂时间里,震区的人们如何进行自我救助和对他人进行救援的行动;广义的地震自救与互救,则是指人们为了减少地震中生命的伤亡和财产的损失,在震前所进行的地震知识的学习和所作的防震准备,在震时和震后短时内的自我救助和对他人的救援,在震后较长时间里持续进行的身体和心理的长期自救与互救。本书是从地震自救与互救的广义含义出发而进行阐述的。

地震的突发性,以及人类在地震预报上的水平有限,决定了人们随时都要做好防震的准备。我们知道,地震的破坏力是巨大的,尤其是破坏性地震,会有很大的震感范围和破坏范围,所以对于我们来说,无论是处于地震易发区,还是处于非地震易发区,都应该提高警惕,做足防震的准备,这样才能在突然降临的地震灾害中实现自救与互救。

在地震发生以后,政府主导的救援工作对于挽救受灾群众的生命起着关键作用。同时,我们应该认识到,在政府组织的救援活动开始之前,受灾群众就应该迅速地展开自救与互救。在地震发生以后的短暂时间里,尽快地实现自我脱险和对别人施救,是减小生命伤亡的不二选择。震时的镇静、果断、坚强对于保全自己的性命尤为重要。震后短时的快速反应、科学行动、高效处置,在很大程度上影响着救人的效率。

地震对人们的身心影响持续久远,因此地震后的自救与互救就有其长期性的特点。地震中身体受伤的灾区群众需要经过精心的治疗和呵护才能康复,地震中产生心理困扰的人们也需要长期的心理自救或是通过专门的心理治疗才能好转。震后做好各种病疫的预防工作,才能避免疾疫的蔓延流行,对于震后出现的疾病,则要有针对性的治疗,才能算是在完整意义上实现了自救与互救。

第一章
地震离我们很近

　　2008年5月12日，我国四川省汶川县发生8.0级地震，全国大多数省份都有不同程度的震感。我们知道，发生3级以上的地震人们才会感觉到，换句话说，那一天几乎我们整个国家都发生了3级以上的地震。汶川地震造成巨大的人员伤亡和财产损失，它再一次让国人警醒，地震离我们很近。

第一节　遍布全国的地震带

　　世界上有三大地震带，即环太平洋地震带、欧亚地震带和海岭地震带，世界上大部分的地震活动都集中在这三大地震带上。我国地处环太平洋地震带和欧亚地震带的交汇部位，地震断裂带多，地震活动活跃。

　　环太平洋地震带是地球上最主要的地震带，它像一个巨大的环，沿北美洲太平洋东岸的美国阿拉斯加向南，经加拿大本部、美国加利福尼亚和墨西哥西部地区，到达南美洲的哥伦比亚、秘鲁和智利，然后从智利转向西，穿过太平洋抵达大洋洲东边界附近，在新西兰东部海域折向北，再经斐济、印度尼西亚、菲律宾、中国台湾、琉球群岛、日本列岛、阿留申群岛，回到美国的阿拉斯加，环绕太平洋一周，也把大陆和海洋分隔开来，地球上约有80%的地震都发生在这里。

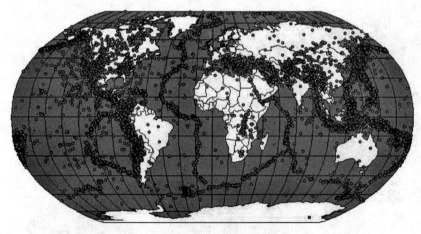

图 1-1　世界地震带分布

欧亚地震带又称地中海—喜马拉雅地震带，从印度尼西亚开始，经中南半岛西部和我国的云、贵、川、青、藏地区，以及印度、巴基斯坦、尼泊尔、阿富汗、伊朗、土耳其到地中海北岸，一直延伸到大西洋的亚速尔群岛。地震带横贯亚欧大陆南部、非洲西北部，全长2万多公里，是全球第二大地震活动带，发生在这里的地震占全球地震的15%左右。

海岭地震带又称大洋中脊地震带，分布在太平洋、大西洋、印度洋中的海岭（海底山脉）。是从西伯利亚北岸靠近勒那河口开始，穿过北极经斯匹次卑根群岛和冰岛，再经过大西洋中部海岭到印度洋的一些狭长的海岭地带或海底隆起地带，并有一分支穿入红海和著名的东非大裂谷区。

我国位于两大地震带的交汇部位，受太平洋板块、印度板块和菲律宾海板块的挤压，地震断裂带活动十分活跃，我国的地震活动主要分布在5个地区（台湾地区、西南地区、西北地区、华北地区和东南沿海地区）的23条地震带上，具体地可以分为如下几个区域：

华北地震区包括河北、河南、山东、内蒙古、山西、陕西、宁夏、江苏、安徽等省的全部或部分地区。在五个地震区中，它的地震强度和频度仅次于"青藏高原地震区"，位居全国第二。由于首都圈位于这个地区内，所以格外引人关注。据统计，该地区有据可查的8级地震曾发生过5次，7~7.9级地震曾发生过18次。加之它位于我国人口稠密，大城市集中，政治和经济、文化、交通都很发达的地区，地震灾害的威胁极为严重。该区可以划分为4个地震带：

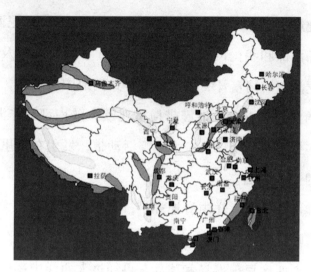

图 1-2　中国主要地震带分布图

1. 郯城—营口地震带。包括从宿迁至铁岭的辽宁、河北、山东、江苏等省的大部或部分地区，是我国东部大陆区一条强烈地震活动带。1668 年山东郯城 8.5 级地震、1969 年渤海 7.4 级地震、1975 年海城 7.3 级地震就发生在这个地震带上。据记载，本地震带共发生 4.7 级以上地震 60 余次，其中 7 ~ 7.9 级地震 6 次，8 级以上地震 1 次。

2. 华北平原地震带。南界大致位于新乡—蚌埠一线，北界位于燕山南侧，西界位于太行山东侧，东界位于下辽河—辽东湾凹陷的西缘，向南延到天津东南，东边达宿州一带，是对京、津、唐地区威胁最大的地震带。1679 年河北三河 8.0 级地震、1976 年唐山 7.8 级地震就发生在这个带上。据统计，本地震带共发生 4.7 级以上地震 140 多次，其中 7 ~ 7.9 级地震 5 次，8 级以上地震 1 次。

3. 汾渭地震带。北起河北宣化—怀安盆地、怀来—延庆盆地，向南经阳原盆地、蔚县盆地、大同盆地、忻定盆地、灵丘盆地、太原盆地、临汾盆地、运城盆地至渭河盆地，是我国东部又一个强烈的地震活动带。1303年山西洪洞8.0级地震、1556年陕西华县8.0级地震都发生在这个带上，1998年1月张北6.2级地震也在这个带的附近。有记载以来，本地震带内共发生4.7级以上地震160次左右，其中7～7.9级地震7次，8级以上地震2次。

4. 银川—河套地震带。位于河套地区西部和北部的银川、乌达、磴口至呼和浩特以西的部分地区。1739年宁夏银川8.0级地震就发生在这个带上。本地震带内，历史地震记载始于公元849年，由于历史记载缺失较多，据已有资料，本地震带共记载4.7级以上地震40次左右，其中6～6.9级地震9次，8级以上地震1次。

青藏高原地震区包括兴都库什山、西昆仑山、阿尔金山、祁连山、贺兰山—六盘山、龙门山、喜马拉雅山及横断山脉东翼诸山系所围成的广大高原地域，涉及青海、西藏、新疆、甘肃、宁夏、四川、云南全部或部分地区，以及俄罗斯、乌克兰、阿富汗、巴基斯坦、印度、孟加拉、缅甸、老挝等国的部分地区。青藏高原地震区是我国最大的一个地震区，也是地震活动最强烈、大地震频繁发生的地区。据统计，这里8级以上地震发生过9次，7～7.9级地震发生过78次，均居全国之首。

东南沿海地震带地理上主要包括福建、广东两省及江西、广西邻近的一小部分。这条地震带受与海岸线大致平行的新华夏系北东向活动断裂控制，另外，一些北西向活动断裂在形成发震条件中也起一定作用。这组北东向活动断裂从东到西分别为：长乐—诏安断裂带、政和—海丰断裂带、邵武—河源断裂带。沿断裂带发生过多次破坏性地震，如沿长乐—诏安断裂带，曾发生过1604年泉州海外8.0级大震和南澳附近的一系列强震；沿邵武—河源断裂带曾发生过会昌6.0级地震（1806年）、河源6.1级地震（1962年）和寻乌5.8级地震（1987年），政和—海丰断裂带也曾发生过破坏性地震，但总的强度比较低。

南北地震带，也称为中国南北地震带，是指从我国的宁夏，经甘肃东部、四川西部、直至云南，有一条纵贯中国大陆、大致南北方向的地震密集带。该地震带向北延伸至蒙古境内，向南延伸到缅甸，跨度极大，其中，2008年5月12日的四川汶川大地震就发生在这一地震带上。

另外，"台湾地震区"、"新疆地震区"也是我国两个地震活动频繁的地区，发生的破坏性地震也较多，都曾发生过8级或以上的地震。由于新疆地震区总的来说，人烟稀少、经济欠发达，尽管强烈地震较多，也较频繁，但多数地震发生在山区，造成的人员和财产损失与我国东部几条地震带相比，要小许多。

第二节　多地震的国情

我国的大部分地区都处在地震带上，全国各地大多数地区也都发生过有破坏性的地震。有地震记载以来，我国除贵州、浙江外，其他省份都发生过 6 级以上地震，60% 的省份发生过 7 级以上的地震。我国许多人口稠密地区，如华北北部、四川、福建、台湾、云南、甘肃、宁夏等，都处于地震的多发地区，约有一半城市处于基本烈度 7 度或 7 度以上地区，其中，百万人口以上的大城市，处于 7 度或 7 度以上地区的达 70%，北京、天津、太原、西安、兰州等均位于 8 度区内。

我国的地震活动具有频度高、强度大、震源浅、分布广的特点，造成的灾害十分严重。20 世纪以来，我国大陆共发生中强以上地震 3800 余次，其中，5～5.9 级以上地震 1600 余次，6～6.9 级地震 460 余次，7～7.9 级地震 99 次，8 级以上地震 9 次。我国大陆约占全球陆地面积的 7%，但在 20 世纪有 33% 的陆上破坏性地震发生在我国，死亡人数约 60 万，占全世界同期因地震死亡人数的一半左右。20 世纪死亡 20 万人以上的大地震全球共 2 次，都发生在我国——一次是 1920 年宁夏海原 8.5 级地震，死亡 23 万多人；另一次是 1976 年唐山 7.8 级地震，死亡 24 万多人。

在 2008 年，中国大陆地区有 17 次地震成灾事件。除四川汶川 8.0 级地震外，我国大陆地区还发生了 16 次地震灾害事件，其中重大地震灾害事件 1 次（西藏当雄县 6.6 级），较大地震灾害事件 1 次（四川攀枝花市—凉山州交界 6.1 级），一般地震灾害事件 14 次，共造成 56 人死亡，1227 人受伤，直接经济损失 71.87 亿元。17 次地震灾害事件共造成中国大陆地区约 10730.53 万人受灾，受灾面积约 50 多万平方公里。

第三节　地震随时可能发生

据统计，地球上每年发生的大大小小的地震总计有 500 多万次，其中有 5 万次是人们可以感觉到的有感地震。每年发生可能造成破坏的中等以上地震约有 1000 次，其中能造成严重破坏的大地震约有十几次。可以说地震随时可能发生，但对地震的预测预报至今仍是世界性的难题。

地震预报是针对破坏性地震而言的，是在破坏性地震发生前作出预报，使人们可以防备。地震预报要指出地震发生的时间、地点、震级，也就是地震预报的三要素。有价值的地震预报这三个要素缺一不可。

地震预报按时间尺度可划分为长期预报、中期预报、短期预报和临震预报。长期预报是指对未来 10 年内可能发生破坏性地震的地域的预报；中期预报是指对未来一两年内可能发生破坏性地震的地域和强度的预报；短期预报是指对 3 个月内将要发生地震的时间、地点、震级的预报；临震预报是指对 10 日内将要发生地震的时间、地点、震级的预报。

从 20 世纪五六十年代起，人们才开始对地震预报进行研究。地震预报在国内外都处于探索阶

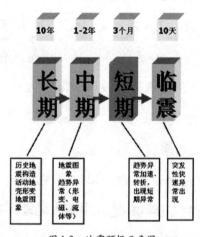

图 1-3　地震预报示意图

段，是世界公认的科学难题。我国从 1966 年河北邢台地震发生后，开始地震预报的全面研究工作。经过 40 多年的努力，取得了一定进展，对地震前兆现象有所了解，但远远没有达到规律性的认识；在一定条件下能够对某些类型的地震，做出一定程度的预报；对中长期预报有一定的认识，但短临预报成功率还很低。另外，目前所观测到的各种可能与地震有关的现象，都呈现出极大的不确定性，所做出的预报，特别是短临预报，还停留在经验性预报的层面。

由于现在还不能做出准确的地震预报，我们无法预知什么时候会发生地震，这就大大增加了地震的危害。震惊中外的汶川大地震和唐山大地震都是在人们毫无准备的情况下发生的，伤亡情况就特别严重。唐山地震发生在深夜，当时绝大多数人还在睡梦中，所以一下子死亡 24 万人；汶川地震发生时正值学生上课时间，所以夺去了许多孩子的生命。

第四节　我国的几次典型地震

一、四川汶川地震

2008 年 5 月 12 日 14 时 28 分，四川发生 8.0 级地震，震中在汶川县映秀镇，烈度达 11 度，是新中国成立以来破坏性最强、波及范围最大的一次地震。包括震中 50 公里范围内的县城和 200 公里范围内的大中城市受到影响。北京、上海、天津、宁夏、甘肃、青海、陕西、山西、山东、河北、河南、安徽、湖北、湖南、重庆、贵州、云南、内蒙古、广西、海南、香港、澳门、西藏、江苏、浙江、辽宁、福建、台湾等地区都有明显震感，甚至泰国首都曼谷，越南首都河内，菲律宾、日本等地均有震感。其中四川、甘肃、陕西三省震情最为严重。

经过对四川、甘肃、陕西三省的受灾实际情况评估，四川的汶川县、北川县、绵阳市、什邡市、青川县、茂县、安县、都江堰市、平武县、彭州市10个县市被确定为极重灾区；41个县市区被确定为重灾区，其中四川省29个、甘肃省8个、陕西省4个；186个县市区被确定为一般灾区，其中四川省100个、甘肃省32个、陕西省36个、重庆市10个、云南省3个、宁夏回族自治区5个。

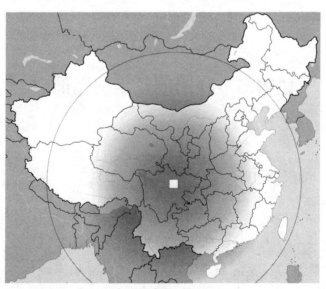

图1-4　汶川地震波及范围极大

汶川地震共造成69225人死亡、17923人失踪、374640人受伤，受灾群众达4624万人，直接经济损失8451亿元人民币。四川的损失占到总损失的91.3%，甘肃占到总损失的5.8%，陕西占总损失的2.9%。在这些损失中，房屋的损失较大，民房和城市居民住房的损失占总损失的27.4%。包括学校、医院和其他非住宅用房的损失占总损失的20.4%。另外还有基础设施，道路、桥梁和其他城市基础设施的损失，占到总损失的21.9%。这3类损失占到了总经济损失的70%左右，是最主要的部分。

图1-5 汶川地震造成巨大破坏

为表达全国各族人民对四川汶川大地震遇难同胞的深切哀悼，国务院决定，2008年5月19日至21日为全国哀悼日。在此期间，全国和各驻外机构下半旗志哀，停止公共娱乐活动，外交部和我国驻外使领馆设立吊唁簿。5月19日14时28分起，全国人民默哀3分钟，汽车、火车、舰船鸣笛，防空警报鸣响。每年5月12日也被确定为全国防震减灾日。

二、河北唐山地震

1976 年 7 月 28 日凌晨 3 时 42 分，河北省冀东地区的唐山、丰南一带发生 7.8 级强烈地震，震中烈度和汶川地震一样为 11 度。由于地震发生时大多数的人都在睡梦之中，所以造成巨大的人员伤亡。唐山地震也是历史上造成人员伤亡最多的大地震之一。

图 1-6　唐山地震遗址 1

唐山地震震中在唐山路南区的吉祥路一带，极震区以唐山为中心向四面延伸，约 47 平方公里。唐山市老城区多为老式单层民房，震后变成一片瓦砾；新市区大多是砖混结构多层建筑，几乎倒塌殆尽；钢筋混凝土框架结构的高层建筑物亦未能幸免，铁路轨道发生蛇形扭曲或由于路基下沉而呈波浪式起伏，地表产生宽大裂缝，桥梁普遍塌毁，地震构造裂缝延伸达 8 公里，裂缝带附近的地面运动非常惊人，其两侧 200 多米的范围内连人都被抛向空中。

京山铁路和本地区的一些铁路支线破坏十分严重，线路损坏总长度达 403 公里。正在行驶的 7 列客、货车和油罐车脱轨，铁路桥梁涵洞损坏达 45%。蓟运河和滦河上的两座大型公路桥塌落，切断了唐山和区外的一切交通。

图 1-7 唐山地震遗址 2

唐山电厂、陡河电厂厂房倒塌，烟囱断裂，变电站、输电线路严重破坏。受损的电力，约占京津唐电网发电量的 30%，使区外一些用电单位也受到了影响。开滦煤矿的地面建筑物大部坍倒，停电使井下生产中断，近万名夜班工人被困在井下。矿内大量漏水，震后一两天内，多数矿井的生产坑道被水淹没，使被困矿工处境更加危险。

唐山钢铁公司厂房倒塌，高炉、化铁炉、转炉因停电、停水，使铁水、钢水凝铸在炉膛内，造成设备损坏。唐山市境内 3 座大型水库、2 座中型水库大坝滑坍开裂，240 座小型水库震坏；6 万眼机井淤沙、井管错断。

由于大量农田水利设施破坏，致使 50 多万亩耕地被黄沙淤压，

图 1-8 唐山地震遗址 3

70 多万亩耕地被地下涌出的咸水淹没。毁坏农业机具 5 万多台，砸死大牲畜近 48 万头。

图 1-9 唐山地震遗址 4

遭受这次地震破坏的不仅是唐山市区。灾区面积共 21 万多平方公里，有感范围达 200 多万平方公里，14 个省、市、自治区均有程度不同的震感。天津、北京和河北省的一些地方，都受到不同程度的损失。唐山地震造成 24.2 万人死亡，16 万人重伤，100 多万人受伤，直接经济损失 132.75 亿元，占当年 GDP 的 4.15%。且唐山地震造成大量人员身体残疾，遗留下许多孤寡老人和孤儿，数十万人转眼成为失去家园的难民。

三、辽宁海城地震

1975 年 2 月 4 日 19 点 36 分，我国辽宁省海城、营口一带发生了一次强烈地震，震级 7.3 级，震源深度 16.21 公里，震中烈度为 9 度强。海城地震是该地区有史以来最大的一次地震。震时地光闪闪、地声隆隆。震区 90% 的人都看到了低空发光现象，远近不尽相同，近处可见一道道长的白色光带，远处则见红、黄、蓝、白、紫的闪光。此外，还有人看到从地裂缝直接射出的蓝白色光，以及从地面喷口中冒出的粉红色光球。在海城、营口、盘锦一带人们普遍听到了闷雷似的响声。

海城地震震中区面积为 760 平方公里，区内房屋及各种建筑物大多数倾倒和破坏，铁路局部弯曲，桥梁破坏，地面出现裂缝、陷坑和喷沙冒水现象，烟囱几乎全部破坏。这次地震的有感范围很大，北到黑龙江省的嫩江和牡丹江，南至江苏省的宿迁，西达内蒙古自治区的五原镇和陕西省的西安市，东线到达朝鲜，有感半径达 1000公里。

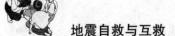

图 1-10　海城地震纪念碑

由于海城地震发生在人口密集和工业发达的地区，因而对地面设施和建筑物造成了严重破坏，震害现象复杂且多种多样。地震造成城镇各种建筑物破坏，占原有总面积 12.8%。公共设施破坏更为严重，其中，破坏道路近 3 万米，给排水管路 16 万多米，供电线路 100 余万米，通讯线路 45 万多米，大小烟囱 400 多个，损失大量工业设备和生产物资。在农村造成民房破坏占原有面积 27.1%，破坏公路 38 公里，各型桥梁 2000 余座，水利设施 700 多个，堤坝 800 多公里，喷砂埋盖农田 180 多平方公里，使生产资料和设备也受到很大损失。

海城地震发生前，我国地震部门曾经做出中期预报和短临预报，为地震预防的组织工作奠定了基础，大大减小了人员伤亡。地震区总人员伤亡为 18308 人，仅占 7 度区总人口数的 0.22%。其中，死亡 328 人，占总人口数的 0.02%；重伤 4292 人，轻伤 12688 人，轻重伤占总人口数的 0.2%。

海城地震的准确预报对于减小地震损失有着莫大的意义，海城地震震区属于现代工业集中而人口稠密的地区，且该区绝大多数房屋并未设防，抗震性能差，地震发生时间又是在冬季的晚上。如果没有预报和预防，人员伤亡必将非常惨重。海城地震预报的成功，让我们看到了地震预报的希望；但由于海城地震是一

图 1-11　海城地震后的抗震救灾场面

次特征性非常强的地震，震前宏观现象明显，且那样的现象与大地震的发生并没有必然的联系，因此地震预报还有很长的路需要走。

四、河北邢台地震

1966 年 3 月 8 日 5 时 29 分，在河北省邢台地区隆尧县东发生了 6.8 级强烈地震，震源深度 10 公里，震中烈度为 9 度强。继这次地震之后，3 月 22 日在宁晋县东南分别发生了 6.7 级和 7.2 级地震各 1 次，3 月 26 日在老震区以北的束鹿南发生了 6.2 级地震，3 月 29 日在老震区以东的巨鹿北发生了 6.0 级地震。从 3 月 8 日至 29 日这 21 天的时间里，邢台地区连续发生了 5 次 6 级以上地震，其中最大的一次是 3 月 22 日 16 时 19 分在宁晋县东南发生的 7.2 级地震。这一地震群统称为邢台地震。

图 1-12　周恩来总理视察邢台地震现场

邢台地震的破坏范围很大，一瞬间便袭击了河北省邢台、石家庄、衡水、邯郸、保定、沧州6个地区80个县市、1639个乡镇、17633个村庄，使这一地区造成8064人死亡，38451人受伤，倒塌房屋508万余间，这次地震袭击了110多个工厂和矿山，袭击了52个县市邮局，破坏了京广和石太等5条铁路沿线的桥墩和路堑16处，震毁和损坏公路桥梁77座，地方铁路桥2座，毁坏农业生产用桥梁22座。

邢台地震还造成了山石崩塌。3月22日7.2级地震时，邢台、石家庄、邯郸、保定4个地区，发生山石崩塌361处，山崩飞石撞击引起火灾22处，烧毁山林3000亩。震后次生火灾连续发生。根据邢台、衡水、石家庄、邯郸、保定5个地区统计，1966年3月中旬至4月初，就发生火灾422起、烧伤74人，烧毁防震棚470座。

邢台地震造成大量的人员伤亡和财产损失，包括直接损失和间接损失。邢台地震后，地震谣言和地震误传事件迅速泛滥，仅谣言就涉及河北、河南、北京等3个省市、8个地区、40个县市，影响面积达数百万人，致使灾区及其邻区广大群众惊慌不安，一度无心劳动，工业产量下降，农业出勤率降低，其间接损失巨大。

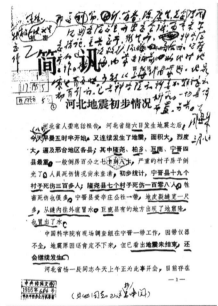
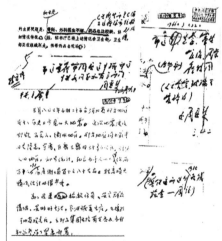

图1-13　周总理邢台地震批文

邢台地震以前，我国有比较详尽的地震记录，但很少有防震经验的记载，邢台地震以后，我国正式开始了地震的全面研究工作。由于邢台地震具有前震多、主震强、衰减有起伏、余震持续时间长的特点，这就为地震科学研究和实验提供了一个天然场所。

1966年4月由中国科学院地球物理研究所筹建的红山地震台成立，红山地震台位于隆尧县县城西北约9公里的红山山丘上。现在，红山地震台已发展成为拥有测震、地磁、水准、地电等多种观测手段的综合地震台，并成为我国第一个对外开放的地震基准台。

可以这样说，我国的地震研究工作就是从邢台地震中起步的。通过40多年的探索，我国在地震预报和预测方面取得了很大的进步，尤其是地震预防教育在全国的开展，为减小地震造成的人员伤亡和财产损失上起到了很大的作用。汶川地震发生以后，民众的防震意识也大大加强，这对我们以后的地震预防工作具有积极的意义。

第二章
做足防震准备

　　破坏性地震会造成人员伤亡和财产损失，但并不是说我们对地震无能为力。通过对地震进行预防准备，可以大大减小地震造成的损失。海城地震之所以造成比较小的损失，就是由于对地震进行了准确的预报，进而做足了预防工作。因此，在减小地震损失上，最主要是要做到地震预报的进步和地震预防的跟进。然而，地震预报特别是临震预报在现在还是一件很困难的事情，因此做好地震预防工作，就显得异常重要，民众只有清楚认识地震发生的前兆现象，并在日常生活中重视和防震有关的细节，并掌握一些必要的逃生知识和技巧，才会在地震来临的时候，减小自己受到伤害和损失的机会。

第一节　认识震前预兆

地震是地壳深部运动的结果。地壳在受热、受力形变的过程中不仅有岩石的机械变形和破裂，还伴随有液态、气态等物质的变化、运移。在地壳形变激烈时，地壳内有相当多的能量和物质溢出地表，影响低层大气的物理、化学状态。在这一过程中，地壳内、地表、低层大气的一系列物理、化学状态都要发生变化，出现地下水异常、砂土液化、地裂缝，产生地光、地声、电磁异常等现象，这些都是地震发生前的宏观异常和微观异常，我们把它们称为地震前兆现象。

对于一些微观异常，比如重力场变化、地壳形变、地磁异常等，都需要通过比较精密的监测仪器进行监测，且大多数情况下，需要有长期的记录数据存在并需要进行复杂的计算过程，普通老百姓不太容易掌握。我国为了加强对微观异常的监测，已经建立了近300个数字前兆地震台站，对重力、形变、电磁以及流体等前兆信号进行监测。而作为地震前兆的宏观异常现象，比如动植物异常、地下水变化、地光地声等，这些异常现象普通人就可以感觉到，因此也是普通人应该了解的一些知识。通过对地震前兆的宏观异常现象加强关注，可以事先做好地震的防范措施，减小地震造成的损害。

一、地下水的异常变化

在地震发生前，地下岩层受力发生变形，埋藏在含水岩层里的地下水的状况也随之改变。有时，含水层像饱含水的海绵一样，在受力时把水挤出来；有时，隔水层破裂，使原来分层流动的水掺和在一起。这些变化都有可能通过井水、泉水的水位变化反映出来，这时，井或泉就成为人们观察地震前兆的"窗口"。

震前地下水的异常变化通常表现为水位、水量、水质、水温等异常变化。天旱时节井水水位上升，泉水水量增加，丰水季节水位反而下降或泉水断流，有时还出现井水自流、自喷等现象，这是水位、水量反常变化的典型特征；井水、泉水变色、变味、变浑、产生异味都是水质变化的表现；水温发生突变，超出正常合理的范围，则是水温异常的表现；另外，水中出现翻花冒泡、喷气发响、井壁变形等异常现象也属于震前地下水的宏观异常。

2009 年
四川地震前（4 月 26 日），恩施市白果乡观音塘约 8 万立方米蓄水突然消失

2009 年
四川地震前（2 月 21 日），四川达州达县白果村杨家沟一块坡地塌陷形成天坑

图 2-1

根据历史经验，6级左右中强地震前都有地下水水位宏观异常出现。比如1976年5月29日云南龙陵7.4级地震前，5月28日龙陵县出现井泉水温度异常现象，龙陵县地震部门发出"5月31日至6月上旬在100公里范围内可能发生5.0级或6.0级地震"的预测意见并于5月29日20时左右拉响防震警报，25分钟之后发生第一个主震，但人畜都已被疏散，大大减少了伤亡。即使是没有成功预测的某些地震前，也曾都发现各类宏观异常，如1976年7月28日河北唐山7.8级地震前一周，一些井水水位急剧下降，地震前一天复原。1998年1月10日河北张北6.1级地震前泉池内平时湛蓝平静的水面变得"翻江倒海"。

研究认为，地下水地震前兆异常的变化距地震发生时间一般较稳定，通常在20天左右或更短，是预报地震发生时间的重要指标。有专家指出，一般而言，有地下水水位宏观异常出现的地区，一旦有其他宏观异常相伴随且有集中加速现象，则该区发生6级左右中强震的可能性会很大。

二、动植物行为异常

多次震例表明，动物是观察地震前兆的"活仪器"，它们往往在震前出现各种反常行为，向人们预示地震的临近。目前已发现有上百种动物震前有一定反常表现，其中异常反应比较普遍的有20多种，常见的有：大牲畜，如马、驴、骡、牛等；家畜，如狗、猫、猪、羊、兔等；家禽，如鸡、鸭、鹅、鸽子等；穴居动物，如鼠、蛇、黄鼠狼等；水生动物，如鱼类、泥鳅等；会飞的昆虫，如蜜蜂、蜻蜓等。有调查发现，鱼的反应最明显，猪最迟钝。

常见的动物异常现象有：惊恐反应，如大牲畜不进圈，狗狂吠，鸟或昆虫惊飞、非正常群迁等；抑制型异常，如行为变得迟缓，或发呆发痴，不知所措，或不肯进食等；生活习性变化，如冬眠的蛇出洞，老鼠白天活动不怕人，大批青蛙上岸活动等。

1975 年 2 月 4 日海城、营口发生的 7.3 级地震前一个半月，就有冬眠的蛇出洞，许多鹅惊慌失措，乱叫不进窝，有的还飞起来。震前一两天猪不吃食，用力爬墙、拱门等现象。

唐山地震前，有人发现家里鱼缸中的金鱼争着跳离水面，跃出缸外。把跳出来的鱼放回去，金鱼居然尖叫不止。更有奇者，有的鱼尾朝上头朝下，倒立水面，竟似陀螺一般飞快地打转。抚宁县坟坨公社徐庄的一些农民在地震前 3 天，看见 100 多只黄鼠狼，大的背着小的或是叼着小的，挤挤挨挨地钻出一个古墙洞，向村内大转移。唐山地区滦南县城公社王东庄一个农民在地震前一天，看到棉花地里成群的老鼠在奔窜，大老鼠带着小老鼠跑，小老鼠则互相咬着尾巴，连成一串。

汶川地震前绵竹市西南镇檀木村出现了大规模的蟾蜍迁徙：数十万只大小蟾蜍浩浩荡荡地在一制药厂附近的公路上行走，很多被过往车辆轧死，被行人踩死。密密麻麻的蟾蜍布满了村道，分布在农民的菜园和空地里，大量出现的蟾蜍，使一些村民认为会有不好的兆头。而同期在江苏省泰州市也出现了类似的现象，在当地东风路东风桥路面上，成千上万只深褐色、指甲盖大小的癫蛤蟆结对穿越公路。这些新繁殖的小家伙是经由一座引坡而从老通扬运河里爬上大桥的，它们排成了一道浩浩荡荡的长队，向桥北慢慢爬去，显得很有"秩序"。

图2-2　汶川地震前（5月10日），江苏泰州上万只癫蛤蟆排队穿越公路

动物为什么能事前知道地震？这是因为许多动物的器官对地震灾害特别敏感，它们比人能提前知道灾害的来临。

一些动物的听觉大大优于人类的听觉。比如，人耳只能听见音频为每秒钟1000～4000次的声波，而猫、狗和狐狸却能听到音频每秒钟高于60000次的声音，至于老鼠、蝙蝠、鲸鱼和海豚，可以发射和接收音频每秒钟超过100000次的超声波。除了超声波，动物们还能传感音频每秒钟只有100次或不到100次的次声波，次声波不仅我们的耳朵听不出来，就是地震仪器也极少可能把它测定出来。因此，它们能遥感出数百公里之外雷电和洋底海啸的声波。

中国科学院对鸽子与地震关系进行了实验观察，发现鸽子腿部的胫骨和腓骨骨膜之间，有一种椭球状小体，比小米还小，约有百余颗，有神经连着，形如一串葡萄。它们对震动十分敏感，刺激振幅达十分之几微米，就引起神经电发放。生物物理所用 100 只鸽子实验，将 50 只鸽子腿上的小颗粒切除，另 50 只保留不动，在 4 级地震前，后者惊飞不已，前者安静如常，说明切除鸽子腿部颗粒后，它们对震动的敏感性大大降低。

有些植物在震前也有异常反应。如 1971 年 12 月 30 日长江地区发生 4.75 级地震前，一颗包好的黄芽菜，在顶部抽心开花；青菜在叶子上开花；芹菜应在春天开花，提前在 12 月即开了花；山萸藤也开了花；竹笋在农历九月就开了花。无独有偶，1975 年 2 月 4 日在营口地震前一年的 11 月下旬，杏树也"异常"地开了花。

三、电磁异常变化

电磁异常指地震前家用电器如收音机、电视机、日光灯等出现的异常。最为常见的电磁异常是收音机失灵，北方地区日光灯在震前自明也较为常见。比如 1970 年 1 月 5 日，在云南通海发生了 7.8 级大地震。震前，震中区有些人在收听中央人民广播电台的广播时，忽然发现收音机音量减小，声音嘈杂不清，特别是在震前几分钟，播音干脆中断。1973 年 2 月 6 日四川炉霍 7.9 级地震之前，县广播站的人发现，在震前 5~30 分钟，收音机杂音很大，无法调试，接着发生了大地震。1976 年 7 月 28 日唐山地震前几天，唐山及其邻区很多收音机失灵，声音忽大忽小，时有时无，调频不准，有时连续出现噪音。同样是唐山地震前，市内有人见到关闭的荧光灯夜间先发红后亮起来，北京有人睡前关闭了日光灯，但灯仍亮着不息。电磁异常还包括一些电机设备工作不正常，如微波站异常、无线电厂受干扰、电子闹钟失灵等。

一般认为磁场变化的原因有两个，一是地震前岩石在地应力作用下出现"压磁效应"，从而引起地磁场局部变化；二是地应力使岩石被压缩或拉伸，引起电阻率变化，使电磁场有相应的局部变化。

四、地光

地光是指大地震时人们用肉眼观察到的天空发光的现象。地光出现的时间大多与地震同时，但也有在震前几小时和震后短时间内看到的。地光在文献中有不少记载，1965~1967 年，日本松代地震群期间，就留下难得的地光照片。中国 1975 年辽宁海城地震和 1976 年河北唐山地震，震前的地光现象非常突出。地光的形状有带状光、闪光、柱状光、片状光等，颜色也是多种多样的。低空大气中出现的片状光、弧状光和带状光等多为青白色，地面上冒出的火球、火团则多为红色。

一般情况下，小地震不易引起地光现象，只有那些比较大的地震才可引起地光现象。由于一次大地震影响范围很大，因此，当有地光发生时，即使人们离地光发生处较远，也是可以看得到它的。例如唐山地震时，居住北京地区的人就曾看到过唐山地震引起的地光。

地光的出现，往往预示着大地震很快就要发生了，如果此时能够迅速地采取一些避震措施，是有可能避开或减小地震灾害的。例如1975年2月4日海城地震前，一列从大连开往北京的客车在行驶途中，司机突然发现列车前方有大片紫红色的耀眼亮光，司机马上猜想到可能是地光，于是采取措施紧急停车，列车刚刚停稳，大地震就发生了，从而避免了一场车翻人亡的重大事故。再如，1976年7月28日唐山地震前，一些人因故连夜进城，在城外看到了明亮的蓝白色地光，于是没有贸然进入唐山，结果不出10秒钟，唐山一带山崩地裂，举世震惊的唐山大地震发生了。

五、地声

地声是指地震发生前，一小部分地震波能量传入空气变成声波而形成的声音。在基岩露出地表和表土层很薄的靠山地区，容易听到地声。地声是一种临震前兆，往往发生在地震前的几秒、几分或几小时、几天内。在震中区或近震中的范围内能普遍听到地声。随着距震中的远近不同，所听到的地声也不一样。比如有的类似闷雷声，有的类似远雷声，有的类似岩石破裂时的"咔嚓"声，有的则只是隐隐有声。在靠近震中的地方，大震前可以听到像狂风、雷声、坦克开过来的声音，像开山炸石的沉闷爆炸声等。

　　根据地声的特点，能大致判断地震的大小和震中的方向。一般地，声音越大，声调越沉闷，那么地震也越大；反之，地震就较小。当听到地声时，地震可能很快就要发生了，所以可把地声看作警报，应该立即离开房屋，采取紧急防御措施，以避免和减小伤亡和损失。

　　据调查，距1976年唐山地震震中100公里范围内，在临震前尚未入睡的居民中，有95％的人听到了震前的地声。震前地声最早出现在7月27日23时左右，这些早期听到的地声比较低沉。如在河北遵化县、卢龙县，很多人在27日晚23时听到远处传来连绵不断的"隆隆"声，声色沉闷，忽高忽低，延续了1个多小时。在京津之间的安次、武清等县听到的地声，就像大型履带式拖拉机接连不断地从远处驶过。在剧烈的地动到来前半个小时到几分钟内，震区群众听到了不同类型的地声。据后来人们回忆，有的听来犹如列车从地下奔驰而来，有的如狂风啸过，伴随飞沙走石、夹风带雨的混杂声，有的似采石放连珠炮般声响，在头顶上空炸开，或如巨石从高处滚落。这奇怪的声响和平日城市噪声全然不同，所以地声确是一种临震的信号。

六、地面的初期振动

　　地震发生时，震中区的人们会感到地面"先颠后晃"，这是由于地震波引起的地面振动是几种波共同作用的结果。人们对各种不同地震波的感受，主要是上下颠动和水平晃动两种感觉。在强烈地震的震中区附近，最初的颠动，是由首先到达的纵波引起的；数秒钟以后横波到达，造成更强烈的地面晃动，因而人们感到就像站在风浪中船的甲板上一样剧烈颠簸。

距离震中越远的地方，颠与晃的时间差会越长，颠与晃的强度会越弱。在一定范围以外，人们就感觉不到颠动，而只能感到晃动，说明这个地震离你比较远；颠动和晃动都不太强时，说明这个地震不很大或距离远。在这两种情况下，地震发生时切忌惊惶失措，只需在坚实家具底下暂避即可。此时如果跑出，反倒有可能被一些飞来的瓦片等砸伤。

我们在上面提到的各种地震前兆异常现象，并不是只有在地震发生前才会出现。引起上述种种异常的原因可能有很多，并不是说出现这些现象时一定会发生地震，但出于防范的考虑，当发现这些异常现象时一定要提高警惕，及时向有关部门报告，以便做出科学决策，自己也要做好必要的防范准备。

七、地震预兆的民谣

由于地震的多发性和地震破坏力的巨大，广大人民群众对地震的发生与地震前兆异常现象进行了深入的观察，并总结出许多预知地震的经验。其中有些内容更是被编成了民谣，对于向人民群众普及地震知识有着特殊的作用，现在我们摘录几首如下：

其一

井水是个宝，前兆来得早。

无雨泉水浑，天旱井水往外冒。

水位大升降，翻花打旋冒气泡。

有的变颜色，甜水变成苦味道。

天变要下雨，水变地震要来到。

建立观察网，发现异常快报告。

其二

地下水，有前兆。

不是涨，就是落。

甜变苦，苦变甜。

又发浑，又翻沙。

见到了，要报告。

为什么？闹预报。

其三

震前动物有预兆，群测群防很重要。

牛羊骡马不进圈，猪不吃食狗乱咬。

鸭不下水岸上闹，鸡乱上树高声叫。

冰天雪地蛇出洞，大猫携着小猫跑。

兔子竖耳蹦又撞，鱼跃水面惶惶跳。

蜜蜂群迁闹轰轰，鸽子惊飞不回巢。

家家户户都观察，综合异常作预报。

其四

牛马驴骡不进厩，猪不吃食拱又闹。

羊儿不安惨声叫，兔子竖耳蹦又跳。

狗上房屋狂吠嚎，家猫惊闹往外逃。

鸡不进窝树上栖，鸽子惊飞不回巢。

老鼠成群忙搬家，黄鼠狼子结队跑。

冰天雪地蛇出洞，冬眠动物夏苏早。

蜻蜓大群定向飞，蜜蜂群迁跑光了。

青蛙蛤蟆细无声，鱼翻白肚水上跃。

野鸡乱叫怪声啼，蝉儿下树不鸣叫。

园中虎豹不吃食，熊猫麋鹿惊怪嚎。

大鲵上岸哇哇叫，金鱼出缸笼鸟吵。

其五

响声一报告，地震就来到。

大震声发沉，小震声发尖。

响得长，在远程；响得短，离不远。

先听响，后地动，听到响声快行动。

其六

上下颠一颠，来回晃半天。

离得近，上下蹦；离得远，左右摆。

上下颠，在眼前；晃来晃去在天边。

房子东西摆，地震东西来；要是南北摆，它就南北来。

其七

喷沙冒水沿条道，地下正是故河道。

冒水喷沙哪最多？涝洼碱地不用说。

豆腐一挤，出水出渣；地震一闹，喷水喷沙。

洼地重，平地轻；沙地重，土地轻。

其八

砖包土坯墙，抗震最不强。

酥在颠劲上，倒在晃劲上。

其九

地震闹，雨常到，不是霪来就是暴。

阴历十五搭初一，家里做活多注意。

第二节　重视防震细节

俗语说"有备无患"，如果我们能够在日常生活中做一些防震准备，比如说排查并去除居住环境中存在的安全隐患，家中物品摆放合理有序，做好地震应急物品的准备，进行必要的防震演习等，都有助于我们在地震来临时采取最佳的应对办法从而降低地震伤亡率，最大限度保障生命安全和减少财产损失。

一、了解住房周边的环境

地震发生时，最重要的是脱离险境，到达安全的地方，而对住房周边的环境进行熟悉，是地震发生时能够成功逃离的前提条件。在地震发生时的危急关头，更应该知道哪里是安全的，而哪里又是危险的，要知道这些，就必须在平时通过熟悉住房周边环境来实现。

仔细观察，我们可能会发现，自己住房的周边环境存在着不安全因素。比如在农村和山区，如果住房处于陡峭的山崖下、不稳定的山坡上、不安全的冲沟口、堤岸不稳定的河边或湖边等地方，地震时就容易因为山崩、滑坡、堤岸崩塌等危及住房。在城镇，住房如果处于高大建筑物或其他高悬物下，比如高楼、高烟囱、水塔、高大广告牌等，地震时容易因为这些物体倒塌威胁房屋安全；高压线、变压器等危险物在地震时容易因为电器短路等起火危及住房和人身安全；在危险品生产地或仓库附近，如果地震时工厂受损引起毒气泄露、燃气爆炸等事故，会危及住房。针对住房周边环境不安全程度的不同，应该采取对应的措施，如果不安全因素得不到解决，而地震在本地区发生的概率又比较大的话，就应该考虑搬迁。

二、检查和加固住房

除了住房周边的环境外，地震中影响人们生命安全的最重要的就是住房本身了。就住房的抗震性能如何，我们可以从场地与地基、房屋结构、房屋的新旧和破坏程度、房屋的附属设施情况来进行判定。

坚实均匀、开阔平坦的基岩有利抗震。松软、淤泥、人工填土、古河道、旧池塘等地基易变形，高耸的山包、陡峭的山坡、半挖半填的地基等不利于抗震。造型简单、规则、对称、整体性强、重心低的房屋结构，有利于抗震；相反，地震时容易损坏或倒塌。住房质量与房屋的新旧和损坏程度密切相关，房屋的承重墙体是整个房屋的骨架，承重墙是否坚实，有无裂缝、酥松、倾斜，木柱有无腐蚀、虫蛀等也都对防震性能有很大影响。房屋屋顶的烟囱、高门脸、女儿墙、阳台、雨篷、高背瓦等是最容易受到破坏的部位，这些附属设施会影响房屋的抗震性能，如果用处不大可以拆除，必要时可采取加固或降低高度的方式来减小这些设施对房屋抗震性能的影响。

为了提高房屋的抗震性能，定期对房屋进行加固是必要的。在房屋加固过程中，应视房屋的不同结构、不同材料、不同破坏部位等具体情况而定。对于构件加固一般有：扩大截面法、外包钢法、改变结构传力途径加固法、耗能框架减震法、锚杆静压桩加固法、压密注浆加固法、预应力加固法等。用于补墙的一般有：灌浆补缝、碳纤维补墙、植筋等。

拆砌或增设抗震墙，是指对强度过低的原墙体拆除重砌，重砌和增设抗震墙的材料可采用砖或砌块，也可采用现浇钢筋混凝土。

修补和灌浆，是指对已开裂的墙体采用压力灌浆修补，对砌筑砂浆饱满度差或砌筑砂浆强度等级偏低的墙体用满墙灌浆加固。修补后墙体的刚度和抗震能力，可按原砌筑砂浆强度等级计算，满墙灌浆加固后的墙体，可按原砌筑砂浆强度等级提高一级计算。

面层或板墙加固，是指在墙体的一侧或两侧采用水泥砂浆面层、钢筋网砂浆面层或现浇钢筋混凝土板墙加固。

外加柱加固，是指在墙体交接处采用现浇钢筋混凝土构造柱加固，柱应与圈梁、拉杆连成整体，或与现浇钢筋混凝土楼、屋盖可靠连接。

包角或镶边加固，是指在柱、墙角或门窗洞边用型钢或钢筋混凝土包角或镶边，柱、墙垛还可用现浇钢筋混凝土套加固。

支撑或支架加固，是指对刚度差的房屋增设型钢或钢筋混凝土的支撑或支架加固。通过埋设锚杆固定压桩架，用千斤顶将桩段逐节压入土中，再将桩与基础承台浇筑在一起，以达到防震的要求。

三、家中物品的摆放

地震时，室内家具、物品的倾倒、坠落等，常常是致人伤亡的重要原因，因此家具物品的摆放要合理。要掌握这样几个原则：

防止掉落或倾倒伤人、伤物，堵塞通道。把悬挂的物品拿下来或设法固定住；高大家具要固定，顶上不要放重物；组合家具要连接，固定在墙上或地上；橱柜内重的东西放下边，轻的东西放上边；储放易碎品的橱柜最好加门、加插销；尽量不使用带轮子的家具，以防震时滑移。

有利于形成三角空间以便震时藏身避险。将坚固的写字台、床或低矮的家具下腾空；把结实家具旁边的内墙角空出来；有条件的可按防震要求布置一间抗震房。

保持对外通道的畅通，便于震时从室内撤离。室内家具不要摆放太满；房门口、内外走廊上不要堆放杂物。

处置好易燃、易爆物品，防止火灾等次生灾害的发生。清理家里的危险品，包括易燃物：煤油、汽油、酒精、油漆、稀料等；易爆品：煤气罐、氧气瓶等；易腐蚀的化学物品：硫酸、盐酸等；有毒物品：杀虫剂等。把用不着的以上物品尽早清理掉。必须留下的要存放好：防撞击，防破碎；防翻倒，防泄漏；防燃烧，防爆炸。

做好卧室的防震措施。睡觉时人对地震的警觉力最差，从卧室撤往室外的路线较长，因此，按防震要求布置卧室至关重要。床的位置要避开外墙、窗口、房梁，摆放在坚固、承重的内墙边；床上方不要悬挂吊灯、镜框等重物；床要牢固，最好不使用带有轮子的床；床下不要堆放杂物；可能时给床安一个抗震架。

四、防震物品的准备

地震常常在人们毫无防备的时候到来，而在最初的一段时间内，很可能得不到外界的救助，所以，在你经常的生活场所比如说家里、办公室、车里准备一个"防震包"是很有必要的。防震包必须结实，必须放置在容易拿到的地方，一旦发生地震，外部救援尚未到达的情况下，地震包里的物品应该可以帮助受灾者度过这一关键时刻。地震包里应该准备这些物品：

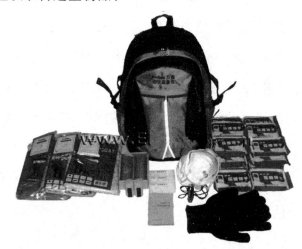

图 2-3 地震包及部分应急物品

1. 饮用水。建议你购买一些瓶装水，并要注意保质期。如果你准备用自己的容器装水，你应该从军用品或者野营用品专门店购买那种不漏气的、专门储存食品的盛水容器。在装水之前，要用餐具专用洗涤剂和水清洗容器，并用水冲净，以免洗涤剂残留。容器内的水必须定期更换。除了水之外，还需要一些净化用的药片，比如哈拉宗、高碘甘氨酸，但在使用这些药片之前，一定要先看看瓶子上的标签。请向专业人士或医护人员咨询上述药品的使用。

2. 食品。准备足够72小时之用的听装食品或脱水食品、奶粉以及听装饮料。干麦片、水果和无盐干果是很好的营养源。请注意以下几点：不要选择那些让你容易口渴的食品，选择无盐饼干、全麦麦片和富含流质的罐装食品；只储备无需冷藏、烹饪或特殊处理的食品；如果家里有婴儿或有特殊饮食需要者，也应该为他们准备好相应的食品；应该准备一些厨房用具和炊具，尤其是手动开罐器。

3. 日常用品。一两套替换衣服、手电筒、火柴、蜡烛、小刀、袖珍收音机、洗脸用具（香皂、肥皂、牙刷、牙膏、手巾、梳子等）、手纸（包括妇女卫生纸、有婴孩的还应准备好尿布）、个人常用防身药品（伤药、止痛药、胃药、感冒药等）、茶杯、饭盒、适量现金等。

4. 其他可能用到的物品。你能想到的震时或震后可能用到的其他物品，比如塑料袋、雨衣或雨伞、绳索、口罩、手帕、急救卡片（注明姓名、地址、工作单位、电话号码、本人血型、联系人姓名等项内容，便于他人营救时参考）等。

五、做好日常的防震演习

日常的防震演习有助于人们在地震时快速正确地做出反应，5·12汶川大地震中，在被定为极重灾区的四川省绵阳市安县，县里的桑枣中学全校2200多名学生、100多名教师全部紧急撤离到学校的操场上，无一名师生伤亡，被人们称为"奇迹"。这是因为桑枣中学每学期都要组织一次全校师生紧急疏散演练。演练时每个班级的疏散路线都是划定好的，在每个班级内，前四排学生走教室前门、后四排学生走后门也是规定好的。防震演习在有的学生看来只是一件好玩的事情，甚至有的老师也认为这是小题大做，可是校长叶志平一直坚持疏散演练，所以才会出现大地震中的"奇迹"。

其他学校可以以桑枣中学为榜样，制定适合本校特点的紧急疏散方案，并开展演习，让每名师生都能通过这样的演练来增强脱险能力，能够在地震来临时临危不乱，并安全疏散。同时通过反复的训练，达到绷紧安全这根弦的目的。提高师生紧急疏散、灾害救助、逃生自救及在灾难中生存的能力及对突发事件的应急能力。

图2-4　某学校防震演习场面

家庭在平时也有必要进行防震演练，演习可以按以下几个方面进行：

1. 一分钟紧急避险。假设地震突然发生，在家里怎样避震？设定地震发生时全家人在干什么？地震强度可设为一次破坏性地震。避震方式：是室内避震，还是室外避震？根据每人平时正常生活环境，确定避震位置和方式。演习结束后计算一下时间，是否达到紧急避震的时间要求，总结经验，修改行动方案后再做演练。

2. 震后紧急撤离。假设地震停止后，如何从家中撤离到安全地段，撤离时要带上防震包，青年人负责照顾老年人和孩子，要注意关上水、电、气和熄灭炉火。

3. 紧急救护演习。掌握伤口消毒、止血、包扎等知识，学习人工呼吸等急救技术，了解骨折等受伤肢体的固定，以及某些特殊伤员的运送、护理方法。

第三节　应急避震常识

大地震发生时，留给人们的反应时间非常短暂，很多时候生死就在这霎那间决定，所以掌握地震发生时短暂时间内的逃生知识极其重要。在地震发生的时候，最重要的就是在最短的时间内，在最近的距离里，找到最适合的躲避场所。

一、生死 12 秒与安全三角区

从地震发生到房屋破坏时间虽然短暂，但仍可以大致划分出三个不同的阶段：地面颠动（先颠），一般伴有声、光等现象，即预警现象出现；地面大幅度晃动（后晃）；房屋倒塌。也就是说，从地面开始颠动到房屋倒塌，有一定的时间差，这个时间差就叫大震的预警时间。

预警时间的长短与地震大小、距震中的远近、房屋结构等多种因素有关。据对唐山地震幸存者的调查，极震区倒房户的室内人员，震时清醒或惊醒的715人中，发现预警现象的约占32%；其中（有的人同时感到几种现象）感到了初期振动的有102人，占44.0%；听见地声的有100人，占43.1%；看见地光的有39人，占16.8%。以能够对预警时间做出估计的177例为依据进行统计，其中，多数被震醒的人提供的预警时间仅为数秒，而震时清醒者提供的预警时间可达十几秒，少数可达20秒以上。粗略估计，唐山地震的预警时间约为10~20秒。

由于预警时间非常短暂，室内避震更具有现实性。而室内房屋倒塌后所形成的三角空间，往往是人们得以幸存的相对安全地点，可称其为避震空间。避震空间主要是指大块倒塌体与支撑物构成的空间。室内易于形成三角空间的地方是：炕沿下、结实牢固的家具附近；内墙（特别是承重墙）墙根、墙角；厨房、厕所、储藏室等开间小、有管道支撑的地方。

与有效的避震空间相对应，室内有很多地方是不利于避震的，比如附近没有支撑物的床上、炕上，周围无支撑物的地板上，外墙边、窗户旁。在紧急避震的时候要注意不要选择这些地方，以减少

不必要的伤害。

二、避震三原则

地震是一种常见的自然灾害，针对地震的避震措施也有一些可以遵循的基本原则，经过长期的避震实践，我们把它总结为避震三原则：

1. 要因地制宜，不要一定之规。震时，每个人所处的状况千差万别，避震方式不可能千篇一律。例如，是跑出室外还是在室内避震，就要看客观条件：住平房还是楼房，地震发生在白天还是晚上，房子是不是坚固，室内有没有避震空间，室外是否安全等等。

2. 要行动果断，不要犹豫不决。避震能否成功，就在千钧一发之间，容不得瞻前顾后，犹豫不决。有的人本已跑出危房，又转身回去救人，结果不但没救成，自己也被埋压。想到别人是对的，但只有保存自己，才有可能救助别人。

3. 在公共场所要听从指挥，不要擅自行动。1994年9月，我国台湾海峡南部发生7.3级地震，福建、广东沿海受到一定程度的破坏和影响。在这次地震中，有700多人因震时慌乱出逃拥挤而受伤，其中多为中小学生。但在离震中较近的福建漳州市的一些学校，由于学生们在老师指挥下沉着避震，无一人受伤。

三、避震要点

除了要遵循避震的原则外，就地震发生时应当采取哪些措施也是必须了解的事实。如地震突然发生后，是先跑还是先躲？躲在什么地方才安全？身体应该采取什么样的姿势？怎样保护身体的重要部位？怎样避免其他的伤害？

就地震发生时先跑还是先躲的问题，目前多数专家普遍认为震时应该就近躲避，震后迅速撤离到安全的地方，这样才是应急避震较好的办法。这是因为，震时预警时间很短，人又往往无法自主行动，再加之门窗变形等，从室内跑出十分困难，如果是在楼里，跑出来更几乎是不可能的。但若在平房里，发现预警现象早，室外比较空旷，则可力争跑出避震。

既然地震发生的时候应该先躲，那么躲在什么地方就非常重要，因为躲的地方很可能决定了你的生死存亡问题。躲的时候，应该选择室内结实、不易倾倒、能掩护身体的物体下或物体旁，开间小、有支撑的地方，也就是前面提到的安全三角区；如果是在室外，则应该远离建筑物，选择开阔、安全的地方。

在地震发生的时候，身体采取的姿势也非常重要。地震发生时，人们可以趴下，使身体重心降到最低，脸朝下，不要压住口鼻，以利呼吸；蹲下或坐下，尽量蜷曲身体；抓住身边牢固的物体，以防摔倒或因身体移位，暴露在坚实物体外而受伤。

地震发生时人们可能会被各种飞动的物品砸伤，因此保护好身体的重要部位就特别重要。要注意保护头颈部：低头，用手护住头部和后颈，有可能时，用身边的物品，如枕头、被褥等顶在头上；保护眼睛：低头、闭眼，以防异物伤害；保护口、鼻：有可能时，可用湿毛巾捂住口、鼻，以防灰土、毒气。

同时，地震发生时和发生后，都要注意避免其他伤害。不要随便点明火，因为空气中可能有易燃易爆气体充溢；无论在街上、公寓、学校、商店、娱乐场所，都要避开人流，不要乱挤乱拥。因为拥挤不但不能脱离险境，反而可能因跌倒、踩踏、碰撞等而受伤。

第三章

不同场合的避震自救

通过前面的介绍，我们已经初步掌握了震前预兆、学习了地震应对常识，使我们对地震的认识愈加清晰，但这些还不足以保护我们的人身安全。当地震降临，我们该如何应对，怎样的避震方法会为我们赢得最大的生存几率。答案就是不同的场合要采取与之相对应的避震方法。

在地震过程中"保持镇静"和"避免惊慌"是成功避震的必要条件。强烈地震发生时，人们受异常心理的驱使，会茫然若失，条件反射地采取本能行动，即恐慌和乱跑。这种本能行动必须加以自控，收效最大的方法就是：保持镇静，就地避震。

第一节　室内避震自救

由于室内物品较多，震时极易砸伤人，且房屋也有倒塌的危险，因此室内紧急避震一定要及时、准确。地震发生时，如果人在室内，应该采取的措施一般是震时就近躲避，震后迅速撤离到安全地方。

一、迅速做出正确抉择

在震中及其附近地区，从地震发生到房屋倒塌，一般有12秒钟左右的时间，作为个人，应当保持冷静，在生死12秒内作出正确躲藏的抉择。当地震袭来时，从你意识到"这是一次地震"到你完全被地震控制之间，尚有十几秒钟的时间，应利用这宝贵的十几秒钟，尽快躲到离你最近的安全的地方。

图 3-1　撤离要迅速

经过多年来的地震总结，地震后房屋倒塌时在室内形成三角空间是人们避震的相对安全地点，可称其为避震空间。当地震发生时，如果在室内要注意利用它们，为我们成功避震增加砝码。此外，震时应顺手将门窗打开，避免因地震变形而无法逃生。

图 3-2　地震发生时选择三角空间避震

对于住在楼房的居民，应选择厨房、卫生间等开间小的空间避难；也可躲在内墙跟、墙角，坚固的家具旁等易于形成三角空间的地方，千万不可慌张奔跑；要远离外墙、门窗和阳台；不要用电梯，更不能跳楼。住平房的居民，根据具体情况或选择小开间、坚固家具旁就地躲藏，或者跑出室外空旷地带。同时要紧急关闭所有的火源，包括电源和煤气等。

二、高楼避震三大策略

策略一：震时保持冷静，震后走到户外，这是避震的国际通用守则。国内外许多起地震实例表明，在地震发生的短暂瞬间，人们在进入或离开建筑物时，被砸死砸伤的概率最大。因此专家告诫，室内避震条件好的，首先要选择室内避震。如果建筑物抗震能力差，

则尽可能从室内跑出去。

对于高楼建筑的抗震标准，我们国家都有相关的规定，也就是说高楼在建造的时候就已经根据当地发生地震的可能性大小和可能发生地震震级的大小进行了防震设计。只要是符合设计标准的建筑，只要地震的破坏程度没有超出房屋的抗震设计要求，高楼在地震时是不会马上发生倒塌的。因此，地震发生时先不要慌，要保持视野开阔和机动性，以便相机行事。特别要牢记的是，不要滞留床上；不可跑向阳台；不可跑到楼道等人员拥挤的地方去；不可跳楼；不可使用电梯，若震时在电梯里应尽快离开，若门打不开时要抱头蹲下。另外，要立即灭火断电，防止烫伤触电和发生火情。

策略二：选择合适的避震位置。高楼避震时，可根据建筑物布局和室内状况，审时度势，寻找安全空间躲避。最好找一个可形成三角空间的地方。蹲在暖气旁较安全，暖气的承载力较大，金属管道的网络性结构和弹性不易被撕裂，即使在地震大幅度晃动时也不易被甩出去；暖气管道通气性好，不容易造成人员窒息；管道内的存水还可延长存活期。更重要的一点是，被困人员可采用击打暖气管道的方式向外界传递信息，而暖气靠外墙的位置有利于最快获得救助。

需要特别注意的是，当躲在厨房、卫生间这样的小开间时，尽量离炉具、煤气管道及易破碎的碗碟远些。若厨房、卫生间处在建筑物的犄角旮旯里，且隔断墙为薄板墙时，就不要把它选择为最佳避震场所。此外，不要钻进柜子或箱子里，因为人一旦钻进去后便立刻丧失机动性，视野受阻，四肢被缚，不仅会错过逃生机会还不利于被救；躺卧的姿势也不好，人体的平面面积加大，被击中的概率要比站立大5倍，而且很难机动变位。

策略三：近水不近火，靠外不靠内。这是确保在都市震灾中获得他人及时救助的重要原则。不要靠近煤气灶、煤气管道和家用电器；不要选择建筑物的内侧位置，尽量靠近外墙，但不可躲在窗户下面；尽量靠近水源处，一旦被困，要设法与外界联系，除用手机联系外，可敲击管道和暖气片，也可打开手电筒。

三、及时关火

需要特别关注的是：如果震时的你正在用火，应遵循摇晃时立即关火，失火时立即灭火的原则。大地震时，仅依赖消防车来灭火是不现实的，要想将地震灾害控制在最小程度，及时的自救显得尤为重要。从平时就养成即便是小的地震也关火的习惯吧。为了不使火灾酿成大祸，为避震自救创造更为安全的环境，家人及左邻右舍之间互相帮助，以及厉行早期灭火是极为重要的。地震的时候，关火的机会有三次：

第一次机会在大的晃动来临前的小的晃动之时，在感知小的晃动的瞬间，即刻互相招呼："地震！快关火！"，关闭正在使用的取暖炉、煤气炉等。

地震自救与互救

第二次机会在大的晃动停息的时候，在发生大的晃动时去关火，放在煤气炉、取暖炉上面的水壶等滑落下来，那是很危险的，大的晃动停息后，再一次呼喊："关火！关火！"，并去关火。

第三次机会在着火之后，即便发生失火的情形，在 1～2 分钟之内，还是可以扑灭的。为了能够迅速灭火，请将灭火器、消防水桶经常放置在离易发生火灾的场所较近的地方。

四、注意避雷

地震发生以后，如果遇上雷雨天气，或者是地处多雷区，则要特别注意采取避雷措施。具体地，应该采取这些措施来避雷：

关闭门窗，不要把头手伸出窗外，不宜靠近建筑物外墙，更别用手触摸窗户的金属架。尽可能关闭各类家用电器，拔掉电源插头和闭路电视、电话的接入线，尽量避免使用电话等电器，以防雷电沿线路入侵，造成火灾或人员触电伤亡。尽量不要靠近室内的金属管线（包括水管、暖气管、煤气管）以及有电源插座的地方。尽量不要在吊灯下坐立。

不宜使用淋浴器冲凉，尤其不要用太阳能热水器洗澡。这主要是因为万一建筑物被雷直击时，巨大的雷电流将沿着建筑物的外墙、供水管道流入地下，雷电流有可能沿着水流导致淋浴者遭雷击伤亡（平时还要注意检查太阳能热水器金属部件是否有防雷接地）。

知识延展

汶川大地震这场巨大的灾难所引发的严重伤亡，再次引发了人们对于自己日夜栖身的各种建筑抗震性的关注。地震专家对历次地震的分析显示，人员伤亡总数的95%以上是由房屋倒塌造成的，仅有不足5%的人员伤亡是直接由地震及地震引发的水灾、山体滑坡等次生灾害导致的。

房子像人一样，也有生老病死。自它建成并为我们遮风挡雨起，它的生命就拉开了序幕。它不是金刚不坏之身，外界的侵蚀和破坏会直接影响它的健康和寿命。随着时间的推移，别看它表面变化不大，内部结构却在慢慢衰老，或许有一天会变得"弱不禁风"，这便是危及我们生命的危房。

你了解自己住房的年龄吗？了解它的寿命吗？了解它能经受的抗震度吗？如果回答是否定的，你认为你是安全的吗？马上行动起来吧，现在补救还来得及。

事实上，我们生活中所居住的房屋，由于高度和用途以及建筑时间的不同，造成了结构的不同，同时也决定了房屋的抗震能力也不尽相同。作为地震中最直接威胁人民群众财产安全的建筑物而言，其抗震标准如何？我们日夜栖身的建筑都有哪些结构，每种结构的抗震能力如何？什么样的房屋最抗震呢？就让我们一同来了解。

表：房屋结构与抗震性能一览

房屋结构	抗震度	特点	应用及说明
钢结构	★★★★★	以钢材为主要结构材料。钢材的特点是强度高、重量轻。同时由于钢材料的匀质性和强韧性，可有较大变形，能很好地承受动力荷载，具有很好的抗震能力。	由于钢结构建筑的造价相对较高，目前应用不是非常普遍。一般的超高层建筑（100米以上）或者跨度较大的建筑通常应用钢结构。
剪力墙结构	★★★★	用钢筋混凝土墙板来承担各类荷载引起的内力，并能有效控制结构的水平力，这种用剪力墙来承受竖向和水平力的结构称为剪力墙结构。	在高层（10层及10层以上的居住建筑或高度超过24米的建筑）房屋中被大量运用。
框架结构	★★★	由钢筋混凝土浇灌成的承重梁柱组成骨架，再用空心砖或预制的加气混凝土、陶粒等轻质板材作隔墙分户装配而成。墙主要是起围护和隔离的作用，由于墙体不承重，所以可由各种轻质材料制成。	框架结构在现代建筑设计中应用较为普遍，我们所见的大多数建筑都是框架结构。框架结构中，还有一种框剪结构，又名框架—剪力墙结构，它是框架结构和剪力墙结构两种体系的结合，吸取了各自的长处，既能为建筑平面布置提供较大的使用空间，又具有良好的抗力性能。这种结构的住房有很好的抗震性。
砖混结构	★★	砖混结构中的"砖"，是指一种统一尺寸的建筑材料，也包括其他尺寸的异型黏土砖、空心砖等。"混"是指由钢筋、水泥、沙石、水按一定比例配制的钢筋混凝土配料，包括楼板、过梁、楼梯、阳台。这些配件与砖做的承重墙相结合，所以称为砖混结构。	砖混结构一般应用在多层或者跨度不大的建筑，但由于砖混结构的房屋格局死板，墙面不能改动，加之近些年框架结构以及剪力墙结构应用得越来越普遍，在城市建设中已经很少应用砖混结构。

仔细检查房子的各个方面，或请专家进行评估，确定其抗震状况和使用寿命，并采取必要的措施对其进行加固和维修。进行定期检查，如发现大裂缝应请专业人员加以检视或维修。对不牢固的地方进行加固，长久失修的房子更要提高警惕。一定不能任意违法加盖，或拆除墙、柱、梁、板，以免破坏房屋结构，降低房屋的抗震性能。

第二节　室外避震自救

地震随时可能发生，当地震发生时，如果你身处室外，是不是就觉得自己绝对处于安全中了呢？答案是否定的。纵使身处室外，地震发生时也还是有危险的，尤其是较大地震时，室外避震中必须掌握一些基本的自救原则，并且针对室外各种场合的不同，所采取的措施也是有区别的。

一、室外避震自救原则

就地选择开阔地避震：应蹲下或趴下，以免摔倒；不要乱跑，避开人多的地方；不要随便返回室内。

避开高大建筑物或构筑物：楼房，特别是有玻璃幕墙的建筑；过街桥、立交桥；高烟囱、水塔下。

地震自救与互救

在户外避震

避开高大建筑物

迅速离开立交桥

图 3-3

及时避开高烟囱

避开危险物、高耸或悬挂物：变压器、电线杆、路灯等，广告牌、吊车等。远离危险品，易燃、易爆品仓库等，以防发生意外事故时受到伤害。

迅速远离危险物

图 3-4

高耸物下不停留

避开其他危险场所：狭窄的街道；危旧房屋，危墙；女儿墙、高门脸、雨篷下；砖瓦、木料等物的堆放处。避开变压器、高压线下，以防触电；迅速远离生产危险品的工厂。

图 3-5　此处不可久留

二、街道上避震

　　地震时在街道上走，最好将身边的皮包或柔软的物品顶在头上，无物品时也可用手护在头上，尽可能作好自我防御的准备。应该迅速离开电线杆的围墙，跑向比较开阔的地区躲避。

如果所处的街道地方比较开阔，不存在造成伤害的危险，则应该就地蹲下或趴下，不要乱跑，不要随便返回室内，避开人多的地方；避开高大建筑物，如楼房、高大烟囱、水塔下；避开立交桥、过街桥等结构复杂的构筑物。

在其他开阔地遇到地震发生，也应该采取类似的措施。同时要注意躲开人流，最好就地卧倒或蹲下，并注意用手保护好自己的头部。

三、比赛场地避震

当在体育场观看比赛发生地震时，应该听从指挥，有秩序地从看台向场地中央疏散。当被卷入混乱的人流中不能动弹时，如果还有可能呼吸，首先要正确呼吸，用肩和背承受外来的压力，随着人流的移动而行动。弯屈胳膊、护住腹部，腿要站直，不要被别人踩倒。最好经常使身体活动活动，特别应该注意不要被挤到墙壁、栅栏旁边去。手插口袋是极其危险的，双手应随时作好防御的准备。

四、野外避震

地震发生时，如果你正在野外活动，不要以为自己正身处于空旷的安全地带，应尽量避开山脚、陡崖，以防滚石和滑坡。如遇山崩，要向远离滚石前进方向的两侧跑。

避开河边、湖边、海边，以防河岸坍塌而落水，或上游水库坍塌下游涨水，或出现海啸，应迅速向远离海岸线的方向转移，以防地震引起海啸造成灾害。

不要在水坝、堤坝上逗留，以防垮坝或发生洪水。迅速离开桥面或桥下，以防桥梁坍塌时受伤。

五、驾车时避震

发生大地震时，如果你正在驾驶车辆，就会发现汽车的轮胎像泄了气似的，无法把握方向盘，难以驾驶。这时必须充分注意不要贸然前进，应该立刻靠边停车。

如果我们处于城市道路上或周围没有宽阔地可以临时躲避，那么我们应立即减速停车，将车停靠在路边，打开双闪应急灯，等地震过后再上路行驶。必须充分注意，避开十字路口将车子靠路边停下。为了不妨碍避难疏散的人和紧急车辆的通行，要让出道路的中间部分。

都市中心地区的绝大部分道路将会全面禁止通行。充分注意汽车收音机的广播，附近有警察的话，要依照其指示行事。

有必要避难时，为不致卷入火灾，请把车窗关好，车钥匙插在车上，不要锁车门，并和当地的人一起行动。

如果在停车场遇到地震，而这个停车场周围又是高楼林立的话，那么就赶紧下车，在两车之间的位置抱头蹲下，这样当建筑物倒塌的时候，两辆车之间的空隙可以成为你救命的空间。很多地震时在停车场丧命的人，都是在车内被活活压死的，在两车之间的人，却毫发未伤。

地震时不要驾车进入桥梁、堤坝、隧道，因为这些地区比普通公路的危险更大，一旦发生变形、垮塌，后果严重。

地震过后尽量不要在树木、围栏、墙壁、平房、电线杆附近停车，防止其倒下时砸坏你的车。震后行车要多留意路面变化，地震结束后有些地方的地面会出现裂纹或鼓包，因此在驾车时要更加留意路况，不要开快车。

如果你的车被陷在地震造成的坑洞时应该立即离开车辆，寻找附近安全的地方临时避难，汽车再宝贵也比不上你的一条命。对于女士来说，要特别注意别穿高跟鞋开车。地震时，如果你穿高跟鞋，那么对避难是有百害而无一利的。车上备一双耐用、平跟的棉鞋或运动鞋作为应急之用，拖鞋和草鞋都不合适。

地震发生时，道路、桥梁可能会被毁坏。比如汶川大地震的发生地汶川一带都是山区，山体滑坡现象十分严重。这就给行进中的驾驶员带来了更大的考验。车轮悬空、车辆侧翻、车辆相撞以及车辆入水等紧急情况肯定比较多发。在遇到这些紧急情况时，司机应当保持冷静，要小心地避险自救。

六、其他地方的避震

如果是火车上的乘客遇上地震，应立即采取防御行动。火车速度不是很快的话，用手牢牢抓住拉手、柱子或座席等，注意不要乱跑。并注意防止行李从架上掉落下来。

如果地震发生时人在海边的话，应尽快向远离海岸线的高处转移，避免地震可能产生的海啸的袭击。

地震时如果在森林和树木旁边，应尽快躲到树林中去，树木越多越安全。如果在山坡上或悬崖上，要注意山崩和滚石，千万不能跟着滚石往山下跑，而应沿垂直滚石流方向奔跑，来不及时也可寻找山坡隆岗，暂躲在它的背后。

第三节　学校避震自救

学校是培养人才的摇篮，学生是祖国的未来、民族的希望。学校在地震中的安全直接关系着学生的安危、家庭的幸福、社会的稳定。学校中学生密集于教室中，且老师众多，一旦地震降临，学校师生该如何避震呢？

一、教室内避震

学校里人员密集，如果正在上课的时候发生地震，教室里有序的避震措施对于保证师生安全异常重要。上课时发生地震的话，学生应听从老师的指挥，迅速抱头、闭眼、就近躲在各自的课桌旁沿边角处，待地震过后再有次序地撤离到外面的空地上，切勿盲目乱跑。

如果学校教室为平房，地震时坐在离门较近的学生，可迅速从门窗逃出室外。远离门的学生可就地躲在桌椅下面或靠墙根趴下避难。住在高楼里的学生，地震时千万不要跳楼，也不要到楼梯口拥挤，应迅速躲进走廊等跨度小的空间。同时，大多数学生应就近躲在桌子下面旁边，即使大楼倒塌时也会有生存的空间。待地震过后，在老师的指挥下向教室外面转移。

二、教室外避震

地震发生时，如果身处教室外面，则应该选择操场等比较空旷的地方就近避震，双手保护头部。注意避开高大建筑物或危险物，千万不要回到教室去。

图 3-6　校园避震

如果在操场，可原地不动蹲下，双手保护头部，注意避开高大建筑物或危险物。

三、实验室避震

地震时如果你身处实验室，危险无疑又增加了一分，因为实验室的各种仪器设备、试剂药品等本身就具有一定的危险性。尤其是化学实验室，化学物品间的反应生成新的物质或气体，有些反应缓慢、有些反应剧烈，操作不当甚至会引起爆炸。这就要求我们在地震发生时，更应该按照正确的操作方法来进行避震。

为了避免地震中实验室中可能出现的危险情况，我们在平时就

应该遵循一些基本的原则，并严格按照使用规程来进行操作，具体要求如下：

铁架台放在靠水池边，在铁架台的台板上放酒精灯，实验完毕后将铁圈拧紧，在上面放石棉网，在石棉网上放火柴。在铁架台旁依次摆放药品和仪器，将其排成一行，若太挤可将药品放一行，仪器放一行。

药品摆放要按固体到液体的顺序摆放；单质到化合物的次序摆放；单质由非金属单质到金属单质，金属单质按金属顺序摆放；化合物按盐酸盐、硫酸盐、硝酸盐、碳酸盐、其他的顺序来摆放。

注意检查仪器，如有损坏及时报告老师，更换仪器，打开排气孔。实验过程中小心操作，特别是容易在实验桌上留下污渍的药品，如不小心应及时清洗掉。不要将带火星的火柴或木条直接放在桌上，应放在石棉网上。实验完成后整理桌面，清洗试管，擦干桌子，将凳子放在桌子下面，关闭排气孔。

实验室要特别注意通风，有毒气体和有毒挥发物的实验要在通风橱下做。易燃易爆物品通常应存放于阴凉避光的专门物品柜，有机和无机试剂分开放，避免污染。要定期检查反应器，及时排除故障。

如果身处实验室，或者是正在做实验的过程中发生了地震，一定要保持镇静，除了要采取普通的防震措施外，还应该针对实验室的特殊情况快速反应，果断采取措施。如果正在做实验，一旦感受到地震发生，要马上停止实验，熄灭酒精灯，进行快速躲避或撤离。如果实验中可能出现引燃或引爆的危险，则应该勇敢解除危险，再进行躲避和撤离。

实验室与普通教室是不同的，因此在寻找躲避空间的时候，要冷静而慎重地进行选择，要注意远离易燃易爆物品，要注意避免让自己处于有毒空气的环境中。

第四节　公共场所避震自救

公共场所是人员相对较密集的地区，而且我们出现在公共场所的频率又很高，在这种人员众多的环境下，人人都需要避震和逃生，群体的共同避震成为公共场所避震的突出特点。针对这种特殊的情况，我们也应该采取不同的避震措施。

地震发生时，在百货公司、影剧院、展览馆、地下街等这些人员较多的地方，最可怕的反而不是地震，而是因地震引发的混乱。因此，在这样的公共场所遇到地震时，一定不要互相挤压以免造成人员伤亡。由于人员慌乱，商品掉落，可能使避难通道阻塞。此时，应躲在近处的大柱子和大商品旁边，避开商品陈列橱，或朝着没有障碍的通道躲避，然后屈身蹲下，等待地震平息。若处于楼上位置，原则上向底层转移为好，鉴于楼梯往往是建筑物抗震的薄弱部位，因此，要看准脱险的合适时机，并依照商店职员、警卫人员的指示来行动。

图 3-7　影剧院避震

　　相比之下，地下街是相对比较安全的。即便发生停电，紧急照明电也会即刻亮起来，请镇静地采取行动。如发生火灾，即刻会充满烟雾，应采取压低身体的姿势避难，并做到绝对不吸烟。

　　在发生地震时，不能使用电梯。万一在搭乘电梯时遇到地震，一定不要慌乱，安慰并照顾同困于电梯中的老幼病残孕人士，大家齐心协力，迅速展开自救。可将操作盘上各楼层的按钮全部按下，电梯一旦停下，迅速离开电梯，确认安全后避难。

　　高层大厦以及近来修建的建筑物的电梯，都装有管制运行的装置。地震发生时，会自动运行，停在最近的楼层。万一被关在电梯中无法逃出，可通过电梯中的专用电话与管理室联系、求助。

　　如果是在乘坐公交车的时候发生地震，坐在车内的乘客，有震感时应迅速抓紧附近的座椅、栏杆、扶手等坚固物体，防止因急刹车的惯性作用而摔倒受伤，乘客间要相互鼓励和帮助。充分注意汽车收音机的广播，附近有警察的话，要依照其指示行事。

图 3-8　公交车避震

第五节　躲开避震自救误区

地震发生以后的自救，对于保全性命至关重要，并且也是开展对他人救助的前提条件。因此，了解避震自救的误区就显得特别重要，唯有躲开这些误区，才能实施有效的自救，也才能让地震的伤害降到最低。

一、不要躲在桌子下或床下

随着科技的发展和人们认识的不断提高，传统的避震方法也在经受着不断的检验和改进，你所认同的那些传统的或想当然的避震方法真的能有效吗？美国国际搜救队与土耳其政府、大学合作拍摄制作的地震逃生录像带，用事实说明不要躲在桌下避震的道理。

通过土耳其政府协助，制作单位爆破一栋废弃大楼，模拟地震时建筑物倒塌的情形。工作人员先依据"常识"，在桌子床铺等家具下放置10具模特儿，同时在桌子床铺等家具旁，同样放置10具模特儿，炸药引爆后大楼变成断垣残壁，搜救队员依次找到20具模特儿，在桌床下的10具模特儿，有8具被压成全毁，其中1具甚至头、身、脚断成三截；在桌床旁放置的10具模特儿，则全部安好无事。

这是因为，当建筑物天花板因强震倒塌时，会将桌床等家具压毁，人如果躲在其中和底下，后果不堪设想。如果我们以比家具低的姿势躲在家具旁边，倒塌物品的冲击力量由家具承担，这样躲在一旁的我们就易于获得生存空间。

因此，当地震来临时，千万不要躲在桌子或床铺底下，而是要以比桌、床高度更低的姿势，躲在桌子或床铺的旁边。

二、不要靠扶门柱和墙壁

当大地剧烈摇晃，使人站立不稳的时候，人们都会有扶靠、抓住什么的心理。身边的门柱、墙壁大多会成为扶靠的对象。但是，这些看上去结实牢固的东西，实际上却是危险的。地震发生的时候，这些地方是最容易受到损坏并发生垮塌的。如果靠扶着门柱或是不结实的墙壁，无形中就让自己处在了更大的危险之中。

三、不要盲目跳楼逃生

地震时跳楼逃跑并不是什么上策，原因是地震强烈振动时间只有一分钟左右，相当短促，从打开门窗到跳楼往往需要一段时间，特别是门窗被震歪开不动时，耗费时间就更多。有的人急不可待，用手砸玻璃，结果把手砸坏了。另外，由于楼房距离地面有很大的高度，跳楼可能摔死或摔伤，即使安全着地，还有可能被倒塌下来的东西砸死或砸伤。

据唐山地震震害调查，因跳楼或逃跑而伤亡的人数在六种主要伤亡形式（直接伤亡、闷压致死、跳楼或逃跑、躲避地点不当、重返危房、抢救或护理不当等）中占第三位。其他震例调查结果也大体如此。

四、不要慌乱向外逃跑

地震发生后，如果慌乱地向外逃跑，可能会被地震时产生的碎玻璃、屋顶上的砖瓦、广告牌等掉下来砸伤。另外，如果有很多人都慌乱地逃跑的话，可能因为拥挤而发生踩踏等其他伤害事故。尤其是当地震来临时，如果你处在人员较密集的场所的话，一定不能慌乱外逃，而是应该选择救近躲避，待地震平息后再迅速撤离到安全的地方。

第四章

震后的自我救援

地震时最不幸的事情莫过于被埋压在废墟下，此时周围往往是一片漆黑，只有极小的空间，这时你一定不要惊慌，要沉着，树立生存的信心，要相信一定会有人来救你，要千方百计保护自己。

地震自救与互救

第一节　被埋压后的自救

保持镇静在地震中十分重要，有人观察到，不少遇难者并非因房屋倒塌而被砸伤或挤压致死，而是由于精神崩溃，失去生存的希望，乱喊、乱叫，在极度恐惧中"扼杀"了自己。这是因为，乱喊乱叫会加速新陈代谢，增加氧的消耗，使体力下降，耐受力降低。同时，大喊大叫，必定会吸入大量烟尘，易造成窒息，增加不必要的伤亡。正确态度是不管在任何恶劣的环境下，都要始终保持镇静，分析所处环境，寻找出路，等待救援。

被埋压时，要注意调节自己的呼吸节奏，切忌呼吸快而浅。正常情况下，人体的呼吸频率为每分钟 12～20 次，当遇到地震这样的险情时，人们处于惊慌失措或过度恐惧的状态，呼吸容易急速，换气频率加快。但快而浅的呼吸容易使二氧化碳的呼出过多，而人体氧供不充分，引起呼吸碱中毒，使氧解离曲线左移，组织释放氧受阻，致机体缺氧更进一步恶化，由此导致昏迷等危及生命的严重并发症的发生。故自救时应控制情绪、保持镇静，宜采用慢而缓的呼吸方式。

地震后，往往还有多次余震发生，处境可能继续恶化，为了免遭新的伤害，要尽量改善自己所处环境。抓住一线光芒带来无限生机。黑暗的埋压环境，当遇险人员看不到周围的情况时，自救无处下手，这时应该冷静下来，仔细观察一下周围有没有光的缝隙，只要是透亮的地方，哪怕再小，也很可能是压埋物体最薄弱的地方，

·74·

还可能是可以透气的地方，应该顺光掏挖，扩大缝隙，很可能就此脱离险境。即使暂时不能脱险，也会减少窒息的可能。被埋压以后，必须采取合理的措施，才能实现自救。

图 4-1　震后应设法清除埋压物自救

被埋压时，在精神上千万不能崩溃，要树立生存的勇气和信心，千方百计保持正常呼吸，等待救援；争取暴露双手和头部；保存体力。不要大声呼喊和勉强行动，当听到地面有人时，想尽一切办法发出呼救信号；防止灰尘呛闷窒息；如与外界联系不上，要分析并判断自己被埋压的位置，开辟通道，寻找脱险捷径。

震后一般余震不断，生存环境可能进一步恶化，要有这样的心理准备；等待救援要有一定的时间，要有足够的耐心；尽量改善生存环境，设法脱险；闻到有毒有害气体的异味或灰尘太大时，用湿衣物捂住口、鼻；设法避开身体上方不稳定的悬挂、易倒塌物品；扩大并保护生存空间，设法支撑残垣断壁；不要随便用水、用电，不要使用明火，因为空气中可能有易燃气体充溢。

一旦发现自己被埋压较轻，且有可打通的通道，则应该抓紧时间，争取尽快脱险。同时，也要注意保存体力，有时候埋压物可能不是一下子就能从身上清除掉的，这时候就应该有计划地使用体力，通过多次、分批地清除埋压物，来让自己最终脱险。脱险后，要迅速撤离危险区域，到开阔的地方去。只有在自身身体状况条件和环境状况允许的情况下，才可能投入对他人的救援。

如果找不到脱离险境的通道，应尽量保存体力，用石块敲击能发出声响的物体，向外发出呼救信号，不要哭喊、急躁和盲目行动，否则会大量消耗精力和体力。要尽可能控制自己的情绪或闭目休息，等待救援人员到来。尽力扩大生存空间，寻找利器，保持空气流通。如果受伤，要注意止血，条件允许要进行必要的包扎，避免流血过多。

如果被埋在废墟下的时间比较长，而救援人员未到，或者没有听到呼救信号，要想办法维持自己的生命，防震包内的水和食品一定要节约，尽量寻找食品和饮用水，必要时自己的尿液也能起到解渴的作用，对维持生命有帮助。

第二节　伤情的自我处理

地震发生后，无论是被埋压的人，还是设法脱险的人，身体上都可能或多或少地有伤。由于专业的医疗救援队伍不能马上赶到，所以在人员、药品短缺或供应不足的情况下，进行一些地震伤害的自救措施，对于地震受伤者来说非常重要。另外，震后对身体伤害的及时自救，在另一个意义上看也是进行专业医疗救助的准备和前提。针对地震中可能出现的各种伤害，有针对性地采取一些自救措施，并避免不当的处置，是非常重要的。

一、不要堵塞头部外伤出现的耳漏鼻漏

地震对人体的伤害主要有建筑物坍塌引起人体机械性外力伤害、掩息性损伤、震后水电火气等引起的次生伤害三个方面。震中由于打、砸、弹击、撞、撕拉、震动、挤压、碰跌等方式很容易引起颅脑损伤，颅骨骨折经耳朵和鼻子流出脑脊液，此时不少人习惯性的做法是仰起头或堵住耳朵或鼻子。殊不知，这样做很容易导致颅内压升高，加重颅内损伤，并且回流液体也容易导致严重的颅内感染。

二、锐物刺入胸部时不要拔出

震中，建筑物坍塌很容易导致锐利的器物刺入人体胸部，此时，很多伤者习惯性的动作是顺手将锐器拔出。要注意，这是非常错误的做法。原因有两点：首先，在没有救护措施时突然拔出器物很容易造成血管破裂，大量出血，危及生命。其次，空气在拔出锐器的瞬间很容易进入负压胸膜腔，造成气胸，引发纵膈摆动，挤压心脏而停跳。正确的做法是先用手稳固住插入物，也可简单用布条（紧急情况时可用衣服等代替）轻轻束缚住锐器刺入部位，避免剧烈活动，等待或寻求救援。

三、肠子外露不要往回塞

肚皮是人体上很薄很脆弱的部位，一旦在震中受伤，很容易造成肚皮被刺破使肠子脱出。遇到这种情况，大家的下意识动作是用手托住脱出的肠子往肚腔里塞，这也是十分错误的做法。原因有三点：一是脱出肠子很容易被感染，在没有医疗条件的情况下，自己往回塞很容易导致严重的腹腔感染；二是盲目地回塞肠子时，容易使肠子扭塞，导致机械性肠梗阻；三是脱落出的肠子很可能已经被刺破，回塞容易导致一些粪便等脏物透过肠壁溢出，导致严重腹膜炎。

四、不要用泥土糊皮肤破损出血处

民间有种说法，对于皮肤破损出血的情况拿泥土糊上去可消炎止血，这其实是错误的做法。泥土中含有一种厌氧菌——破伤风杆菌，用这种方法不仅起不到消毒止血的功效，还很容易导致破伤风，重者致命。

五、身体被砸后不要"轻举妄动"

震中倘若遇到被砸的情况，首先要考虑骨折的可能性。那么在自救的过程中，要避免被砸部位的活动，防止骨折断端受到二次伤害，加重血管和神经的严重损伤。可因地制宜，找两个小木棍之类的东西越过关节夹住骨折部位，再用绳或布条缠绕，以远端指趾不麻木为宜，就会起到良好的固定作用。

六、外伤大出血要及时按住动脉

地震中，许多人因大量失血，等不及救援而死亡。因此，知晓一些止血方法非常重要。动脉出血时，血色鲜红，有搏动，量多，流动速度快，危险性大。若头部和四肢某些部位的动脉大出血，如手部大出血，可用手指分别压迫伤侧手腕两侧的桡动脉和尺动脉，阻断血流。一侧脚大出血，用手指分别压迫脚背中部搏动的胫前动脉及足跟与内踝之间的胫后动脉。腿部大出血，伤员应取坐位或卧位，用两手拇指用力压迫伤肢腹股沟中点稍下方的股动脉，阻断股动脉血流。颜面部大出血，用一只手的拇指和食指或拇指和中指分别压迫双侧下额角前约1厘米的凹陷处，阻断面动脉血流。

当上述止血法不能止血时，可用头上的橡皮筋或者把身上的衣服撕成布条，做成止血带，置于出血部位上方，将伤肢扎紧，把动脉血管压瘪而达到止血目的。

第三节　应对余震及次生灾害

当天旋地转的地震停歇，我们悬着的心是不是可以放下了，其实不然。地震的停歇说明主震已过，但并不代表不会发生余震和次生灾害。正确认识余震和次生灾害，并采用正确的方法进行应对，其意义并不亚于防御地震主震。

余震是在主震之后接连发生的小地震。一次强烈地震之后，岩层一般不会立刻平稳下来，还会继续活动一段时间，把岩层中剩余的能量释放出来，所以紧跟着就会发生一系列较小的地震。余震一般在地球内部发生主震的同一地方发生。通常的情况是一个主震发生以后，紧跟着有一系列余震，其强度一般都比主震小。

就余震的成因，以前一般认为是缘于地震引发的断层附近的地壳重整；近来则有科学家指出余震发生的主要原因是由地震引起的"动态"地震波的冲击的结果，也就是说地震的发生和余震的发生本身就是基于同样的原因。打一个形象的比方，余震好比人说话的回声，虽然能量不及前面的大地震，但威力叠加起来，经过多次打击的建筑物可能就承受不住了。

地震发生后是否会有余震，以及余震的大小和多少都不完全相同。有的地震余震很少，有的则很多。余震的持续时间也不一样，有的余震时间很短，有的余震可以长达数月乃至数年之久。对于发生过地震的灾区，如果发生余震，广大群众一定要冷静、不要惊慌。

应根据每个人不同的位置采取有针对性的避震措施。

地震发生以后，除了可能会出现有破坏性的余震，还可能产生其他的地震次生灾害。在地震次生灾害中的自救，同地震中的自救一样重要。通过有效的自救措施，可以减小生命伤亡的几率和降低财产损失。

地震次生灾害是指由于强烈地震使山体崩塌，形成滑坡，泥石流；水坝河堤决口造成水灾；震后流行瘟疫；易燃易爆物的引燃造成火灾、爆炸或由于管道破坏造成毒气泄漏以及细菌和放射性物质扩散对人畜生命威胁等等。地震次生灾害主要有火灾、水灾（海啸、水库垮坝等）、传染性疾病（如瘟疫）、毒气泄漏与扩散（含放射性物质）、其他自然灾害（滑坡、泥石流）、停产（含文化、教育事业）、生命线工程被破坏（通讯、交通、供水、供电等）、社会动乱（大规模逃亡、抢劫等）。

震前预防是人类控制和减轻次生灾害的首要一环。一旦次生灾害发生就能迅速救治，以达到减灾的目的。震前预防的重点是工程设防、抗震加固、次生灾害监测、进行防治次生灾害的思想和物质准备。

震时要进行应急防护和紧急处置，要减少不必要的心理性次生灾害，不要对震后的次生灾害产生恐慌情绪。如汶川地震后唐家山堰塞湖就是一个巨大的次生灾害，但是有政府的有序组织和灵活应对，就不必要在心理上过分恐惧，而是相信政府，积极做好准备，在接到疏散通知后，要随时能够撤离险区。震时各生产岗位的工作人员以及家庭成员，要在接到地震预警后，能够采取相应的紧急行动，减小损失，避免受到不必要的伤害。

应对地震次生灾害还应该包括震后的及时救治，这样可以防止次生灾害蔓延扩大，迅速抢救由次生灾害所造成的伤亡，并有效地治理由次生灾害所造成的环境破坏。针对地震发生后可能出现的各种次生灾害，我们应该掌握相应的应对方法：

1. 地震引起火灾时，首先要用湿毛巾捂住口鼻，以防止浓烟的熏呛，一时找不到湿毛巾的，可用浸湿的衣物等代替。如果火势较大，环境温度很高，可用水淋湿衣物或用淋湿的棉被裹住身体隔热，并逆风匍匐逃离火场。一旦身上起火，可用在地上打滚的方法灭火。在大火中应尽快脱离火灾现场，脱下燃烧的衣帽，切忌用双手扑打火苗，否则极易使双手烧伤。

用湿布蒙在脸上

图 4-2　震后发生火灾要用湿布蒙在脸上

2. 一次强震之后发生大量的滑坡和崩塌，滑坡、崩塌为形成大型的泥石流提供了物质来源。泥石流在流动的过程中对河床进行下切，对两岸进行冲刷和刮挖，这样使边坡又失去平衡，产生新的滑坡。这样循环反复，互为新的因果。因而，地震滑坡和泥石流灾害延续时间长，从地震开始，一直延续到次年乃至于数年之内。地震滑坡、泥石流灾害分布广泛，且多发生在人口稀少地区，工程治理困难。当我们遇到山崩、滑坡、泥石流时，要向垂直于滚石前进的方向跑，切不可顺着滚石方向往山下跑。也可躲在结实的障碍物下，或蹲在沟坎下，要特别注意保护好头部。

3. 当出现燃气泄漏时，同火灾时一样，遇到有毒气体泄漏时，要用湿布护住口鼻，逆风逃离，注意不要使用明火。

4. 当遇到毒气泄漏时，比如遇到化工厂着火，毒气泄漏，不要向顺风方向跑，要尽量绕到上风方向去，并尽量用湿毛巾捂住口、鼻。

图4-3　毒气泄漏时的逃生方法

第四节　震后短时心理自救

当地震发生以后，幸存者可能因为身体上受到了伤害，或是失去了亲人，以及面对受到破坏后的家园时，会在身心上产生一些特殊的反应。每个人的情况可能会有所不同，但是，这些在地震后出

现的反应是正常的，是人对于非正常的地震的正常反应。

地震造成的心理创伤对受害者会产生了持久性应激效应，长期影响着他们的身心健康，有亲人震亡和无亲人震亡者的心理感受不同。震后余生的人可能会出现一些创伤后应激性障碍，他们中患神经症、焦虑症、恐惧症的比例也会高于正常的情况，甚至有的高于正常值的 3 ～ 5 倍。很多人失眠多梦、情绪不稳定、紧张焦虑，那些经历了地震创伤的人群患高血压和脑血管疾病的比例也高于正常人群。

由于地震在人身上造成严重的心理创伤，如果不及时进行一些自我的心理救助措施，可能就会影响幸存者此后一生的生活，可能会让人的性格发生变化扭曲，对社会和人生失去希望和兴趣，甚至出现自杀和暴力现象。为了避免这些情况的发生，地震发生后的心理自救，和身体上的自救一样重要，都必须及时而有效地进行。

一、自查震后心理问题

在经历了一场惊心动魄、生死离别的地震后，身体的伤害可能不是最疼的，心理的伤害埋得最深。自己的感觉只有自己是最清楚的，这时如果能进行心理自救，效果无疑是最好的，进行心理自救最首先和最基本的要求便是自查可能出现的心理问题。

有这样一个例子，李同学在地震发生的时候正好在电梯里，脱险以后对电梯产生了恐惧感。由于晚上回宿舍都不敢一个人坐电梯，她便要求同学和她一起回。她说，一个人走进电梯，就觉得好像又要地震，头就开始晕了。李同学的情况，显然就是因为地震的发生使其严重丧失安全感，这个时候，李同学就要明确重建自己的安全感是心理自救的关键步骤。

除了缺乏安全感外，地震还可能让人产生持久的恐惧和紧张。王同学由于担心地震还会发生，到了晚上不敢去睡觉。所以，这种情况下，王同学应该着重认识到自己的心理恐惧问题，并通过有效的放松和知识上的学习，来让自己减轻恐惧，逐渐恢复到正常的心态。

图4-4　震后对灾区群众的关怀很重要

另外，地震发生时，亲历者由于目击死亡、或受到死亡威胁的严重伤害，可能会产生极度害怕、无助、悲伤等情绪，这种状态如果持续就会被称为"重大创伤后压力综合征"。一些人总是感觉楼在晃、床在晃，这是在高度应急状态下的反应，认识到这个心理问题时，就要通过有意识的自我调节来平复情绪。

二、及时实施心理自救

在地震发生后，及时地实施心理自救，疏导自己的情绪状态，恢复日常的生活状态是非常重要的。要尝试接受现实的状况，抚平情绪的伤痛以及缓和身体上的不适；不要隐藏感觉，试着把情绪说出来，并且让家人一同分担悲痛；不要因为不好意思或忌讳，而逃避和别人谈论的机会，要让别人有机会了解自己；不要勉强自己去遗忘，伤痛会停留一段时间，是正常的现象；一定要有充足的睡眠与休息，与家人和朋友聚在一起。

图 4.5　震后心理自救很重要

许多人在地震后都感觉很焦虑，适度的焦虑是正常情绪，但如果持续过度焦虑，就需要通过一些方法进行自我调解，要尽力使自己的生活作息恢复正常。如果心理上持续紧张，难受的感觉反而可能会延长，所以要注意放松心情。

可以进行这样的自我调适：避免、减少或调整压力源，少接触道听途说，或刺激的信息；降低紧张度，与有耐性、安全的亲友谈话，或找心理专业人员协助；太过紧张、担心或失眠时，可暂时在医生建议下用抗焦虑剂或助眠药来协助；做紧急处理的预备，逃生袋、电池、饮水、逃生路线等，多一点准备可让自己多一份安心；近期少安排些事务给自己，一次处理一件事情；多和朋友、亲戚、邻居、同事或心理医生保持联系，和他们谈谈感受；规律运动，规律饮食（尤其青菜、水果），规律作息，小心感冒；学习放松技巧，如听音乐、打坐、瑜伽、太极拳或肌肉放松技巧。

三、青少年心理自救

地震造成的心理伤害是巨大的，尤其是对于青少年来说，地震对其安全感的严重挫伤，是长期而严重的困扰。如果青少年不能学会震后的心理自救，就会影响接下来的学习和生活。

青少年的心理自救可以遵循一定的步骤进行：

1. 学习接纳自己。地震之后，一般都会出现如下反应：害怕地震的再次发生；对未来充满无助；悲痛并思念逝去的亲人；出现幻觉、头痛、晕眩、心跳加速、血压不稳等问题，这些都是正常的。要接纳现在的自己，相信自己会好起来的。

2. 不要封闭自己，要学会倾诉。心理治疗常用的一个方法就是将有类似问题的人形成一个小组，让大家说出各自的内心体会，个人都可以在这个小团体里相互倾诉、相互鼓励。积极的倾听是用平等、尊重、接纳、鼓励的态度去倾听对方的诉说。

3. 眼泪可以治疗心灵的创伤。借助一些悲伤的电影、音乐，把积压在内心的悲痛哭出来；多鼓励自己，相信一切都将过去。

4. 尽可能地保证睡眠和基本饮食，使自己的生活作息恢复正常。如果睡不好，可以做一些放松和锻炼的活动，比如深呼吸；尽量去做一些力所能及的事情，每天为自己安排一些具体的、可以做的事，以便恢复受损伤的"控制感"。

5. 惊恐发作时，做一些活动分散注意力，或是做一些放松练习。增加跟亲人和朋友的身体接触，比如说拥抱、握手等。另外，尽可能参加一些集体活动，减少独处的机会。

6. 对以后会遇到的困难要做好心理准备。这段时间可能会有很多事情需要面对和处理，可以先从最容易完成的事入手，不要一次处理太多的事情。

第五节　自救脱险故事

一、同桌的鼓励让她挺过 4 小时

小雪是都江堰向峨中学初一学生，汶川地震发生时，她正上数学课，教室屋顶突然摇晃起来，就在大家准备逃离时，整座教学楼轰然垮塌。一块预制板砸了下来，砸在她和小亚身上，伴随着一片尘雾，小雪什么也看不见了。教学楼突然坍塌，全班同学都被埋在废墟中。

被废墟掩埋不久，小雪发现现场死寂得能听到自己的心跳。眼前一片漆黑，她感觉有黏糊糊的液体从头上流到手上，她这才意识自己受伤了。死一般的寂静，让她越来越觉得恐怖和压抑。她试着挪动双手，想扒开身上砖头，但双手始终不听使唤。"爸爸，妈妈，你们快来救我！"黑暗中，小雪把求生的希望寄托在了父母身上，她相信父母肯定会赶来。

就在这时，她听到小亚的呼叫，原来，小亚和她紧挨着。"小亚，我在这儿！"小雪赶紧向小亚打招呼。小亚听到呼唤，随即将手伸过来，4只小手紧紧握在了一起。

小亚头部被预制板击中，伤势非常严重。小雪获知情况后，心情骤然紧张起来。"一定要冷静，激发小亚的生存勇气！"小雪拉着小亚的手，不停地鼓励小亚绝不能放弃生存机会。为了让小亚有勇气面对困难，她还试着开导她要相信父母和政府会组织援救队伍。小亚心情逐渐缓和过来。她向小雪承诺绝不放弃生存的机会，一定要陪着小雪等到救援。

两个小时后，小雪听到外面开始有些响动，她立刻意识到是"救兵"到了。让小雪最担心的事同时发生了："我等不及施救了，坚持不住了。"小亚抓紧小雪的手逐渐松开。"小亚，你答应过，不能食言呀！"小雪对小亚大声吼着。尽管这样，小亚的声音还是越来越弱。"天哪，快救救她呀！"小雪试着活动双脚，确定左脚没受伤后，她立即用左脚用力朝上蹬，想踢开脚边砖头，但这一切都是徒劳。

3个多小时过去了，小雪发现小亚已没了反应。小雪用力呼喊小亚，小亚也没有动静了。小雪情知不妙，再也忍不住开始伤心地流泪。"快来人，救命哦！"小雪使劲地吼，而外面还是没反应，而她却变得越来越疲倦。"要保持体力，不要做无用功了！"小雪努力镇定下来，趴在废墟里静静等候救援。

晚上7时许，救援人员终于将小雪和小亚从废墟中刨出来，伤情严重的小亚已去世多时，小雪成功获救。

二、废墟中挖掘 30 多小时自救成功

每一名能被送到医院的患者都经历了难以想象的艰辛。17 岁的马志成是不幸中的幸运儿。汶川地震发生当天，家住彭州市银广沟的他跟随家人到汶川走亲戚，在亲戚家中，地震发生了。

马志成所在的房屋整个坍塌，坐在堂屋靠里的他在跑到房梁处时，被压在了梁下。跑出房屋的亲人发现，他被埋在了废墟中。

亲人们的呼喊很快引来了劫后余生的人们，惊恐之中，人们迅速开始用手刨挖，据说天上当时下着暴雨，马志成亲戚家的房屋在山脚下，刚挖开一点，山上的泥沙就不断被雨水冲刷下来。

人们在雨中挖了 30 多个小时，雨越下越大，随时有发生泥石流的可能，救援者不得不强行将马志成的亲人拖离现场。

5 个小时后，雨水渐弱，人们再次返回现场，却惊讶地发现——马志成已经自己爬出了废墟，躺在了泥水中。据马志成自己说，被掩埋后，房梁虽然压住了他，但形成了一个小空间，他能够活动手臂，也能摸到全身的各部位。在等待了几个小时后，他

开始一点点朝一个方向挖掘，一直不断地用手挖，最后竟然爬了出来。在爬出来的那一刻，他感觉再也没有了力气，只有躺在地上等待救援。事后估算，马志成在黑暗中自己用手至少挖掘了 30 多个小时。

马志成出来时，武警官兵已经徒步翻山越岭赶到了汶川。当地已经没有条件对马志成进行医疗救治，人们决定将他抬到就近有条件的地方治疗。沿途 53 名官兵接力，经过两天两夜不间断地奔跑，期间又经历了数次余震，马志成终于被抬了出来，送到了最近的一个医院，最后被送到了成都市龙泉驿区航天医院。

三、小姐妹握手挺过生死关头

2008 年 5 月 13 日，在四川省急救中心外临时搭建的抗震棚内，受伤严重的都江堰聚源中学初三（1）班学生黄月一直拒绝进入室内病房治疗，对地震的恐惧和被埋在地下 4 个小时的阴影，令她对封闭的房屋感到恐惧。

黄月所在的班级在教学楼三楼，有 60 多名学生，地震发生时正在上政治课。"突然教室左右摇晃，墙上和地上突然裂开一条缝，老师一下就掉下去了，紧接着我和其他同学也掉了下去。"转眼间，整栋教学楼就垮成一堆砖头。

被埋在废墟中的黄月感到头上和腿上被重物压着无法动，就试着移动手。四周一片黑暗，她感到头上有血流下来。呛人的灰尘过后，她开始呼喊王超、张杨等同学。这时，她听到张杨也在呼喊她。张杨离她很近，她伸手向张杨的方向，拉住了张杨的手，就这样，两只手紧握在一起，一直到被救出来。

黄月问张杨："我们会死吗?"

张杨说："不会。"

两姐妹互相鼓励说："我们要尽量活下去。肯定有人来救我们的。"

因为受伤较重，失血过多，黄月中途晕过去，张杨一发现黄月没说话，就使劲摇她的手："黄月，你要坚持啊，一定要坚持，我们要一起出去。"

12 日下午 6 点左右，操场上救援的人员已经很多，一些机械设备也被调集了过来。已经救出 5 名学生的黄守建发现了张杨，当他和其他家长将张杨从废墟中往外抱时，发现张杨紧紧抓着她女儿的手，一道横梁横在她们头上，救了她们的命，两人成功获救。

四、夫妻被埋相隔三日双双生还

2008 年 5 月 18 日 9 时 10 分，北川重灾区医生唐雄与死神博斗 139 个小时后被成功救出，他的妻子在三天前被同一个战士成功救出，钢筋混凝土下夫妻俩通过悄悄话鼓劲，废墟之上消防官兵在余震中冒死相救，大喜大悲中闪现着人性的光辉。

12 日，北川县人民医院妇产科的大夫谢守菊休班，下午 2 时 28

分正躺在客厅的沙发上午睡的她仍然睡眼蒙眬，丈夫唐雄推开门正准备去上班。"小乖，地震！"唐雄看到门外的大楼开始摇晃，赶紧喊妻子，他回头望了一眼妻子。

谢守菊滚下来便钻到沙发底下，随即砖头瓦片把夫妻俩阻断。

"哥哥，你在哪里？"谢守菊在沙发下把自己保护得很好。"小乖，我没多大事。"她听到丈夫微弱的声音。两个人喊着对方的昵称不断鼓劲，谢守菊更是鼓励丈夫坚持住："一定会有人来救我们的，我们一定能活着出去！"

"下面有人么？"15 日早晨 7 时，谢守菊听到她头顶上有战士们断断续续的搜救信号。她使出浑身的力气喊："有人！"海南消防总队的战士们听到求救信号后，赶紧展开搜救，夫妻俩在钢筋混凝土中被求救的信号振奋着。12 时 35 分，谢守菊被成功救出，幸运的她只是略微受了一些皮外伤。可是，无论她怎样呼喊"哥哥"，都没有听到任何回音。

死里逃生之后，谢守菊没有着急去救丈夫，因为当时那个地带十分危险，余震很多，救助器械也很难弄上去，她也完全相信医生出身的老公肯定会有自救的办法，她便毫不犹豫地去参加抗震救灾医疗救护队，给伤员包扎、换药，她也多次回到丈夫那里呼喊"哥哥"。

17 日 8 时，她趴在废墟上继续喊"哥哥"。"小乖……"听到了从底下传出了声音，喜极而泣的她立即找部队救她的爱人。而恰巧这时海南消防总队又经过此处进行搜救，她认出了救她的余德英。

"我老公还活着，你们快救他。"一场生死营救再次展开。

调集兵力、搬运切割器材、确定被困人员的具体位置……"他很懂得自救。"余德英说。唐雄在废墟下并不急躁，非常配合救援人员。当救援人员通过细缝往下扔小石块确定他头部的位置时，他说："距离我大概20厘米远。"搜救工作进行到17日夜间，天上开始降下小雨。

18日1时许，地面摇晃得厉害，又地震了！守候在一旁的谢守菊的心一下子又提到了嗓子眼，她担心刚刚有一线希望的丈夫，也担心救援人员的安全，幸亏没有出事。3时许，救援人员看到了唐雄的后背和头部，他们又挖掘了3米深的洞，距离唐雄2米远，通过细管把水喂给了他。18日9时10分，被困139个小时的唐雄被成功救出。

五、被困179小时后获救

在四川汶川大地震中，被废墟掩埋179小时的马元江，不仅一点不能动弹，而且没有一滴水、一口粮，但他被营救出来时还能说话。马元江为什么能战胜死神，创造生命奇迹，成为汶川大地震中没吃没喝坚持时间最长的生还者之一呢？

32岁的马元江是国家电网四川汶川县映秀湾水力发电总厂职工。地震袭来的时候，正在办公室开会的马元江还未来得及躲避，就被压在倒塌的废墟内。

5月20日凌晨0点50分，地震过去179小时之后，马元江被救援队员从废墟中营救了出来，救援人员立即给予了他输液、抗感染、抗休克治疗。15个小时后马元江被送到重庆新桥医院进行进一步的治疗。

马元江双手抱头、头低脚高地掩埋在废墟中不仅一点不能动弹，而且没有一滴水、没有一口粮。当他被营救出来时，他首先清楚地说出了家人的手机号码。那么，马元江靠什么超越生命极限，不吃不喝维持179小时生命。

据马元江自己说，"事发时，幸亏我反应及时，用双手紧紧把头抱住了，否则后果不堪设想。被埋进废墟后，里面透不过一点光线。当时只希望外面能下大雨，好让雨水能渗透一点进来，但四周除了浑浊的空气、黑暗和死一般的寂静以外，什么都没有。在经历了最初的惊慌后，我意识到肯定有人会来救我，我一定要保持体力。所以，在黑暗的废墟中，我累了就睡觉，睡醒了就用嘴里仅存的唾液润润嗓子，等有人来营救时好呼救。在废墟里，我一直想我4岁半的女儿，想在外面等候的妻子，如果我死了，整个家庭就残缺了，孩子缺少了父爱将会很痛苦，所以我一定不能死，我一定要活下去"。

马元江妻子陈颖说，地震一个多月前1.76米的马元江，体重有80多公斤。为帮助马元江减肥，妻子动员他每天早晨同她一起跑步40~60分钟。地震前他的体重已经降到了75公斤。

马元江的主治医生、重庆新桥医院骨科主任周跃教授说，水源对生命是至关重要的，一般人在没吃没喝的情况下能坚持72小时就已经达到生命极限。72 小时后，意志力成为生存的一个决定性因素。如果处在极度恐惧中，心跳加快，血压上升，这样代谢消耗会很大。

周跃教授分析说，马元江被掩埋时体位是头低脚高，这有利于他身体的血液流向大脑，使其能始终保持意识清醒，对于他调动身体的应激能力有很大的帮助。而且，之前一个多月的锻炼虽然让他体重降下来了，但却提高了他的身体素质。

马元江能创造生命奇迹，首先归功于他心理素质非常好，能够在经历最初的惊恐后及时调节心态，平静地面对现实，意志力是生存的决定因素；长时间的睡眠，以及对生存的急切渴望和坚定的求生意念，不仅能帮助他降低身体能量的消耗，而且还能调动其身体激素的分泌，将其整个身体的应激能力发挥到了人类的极限。

第五章
积极投入到救援中

　　地震发生以后，有组织的专业救灾队伍不能立即赶到现场，在这种情况下，为了使更多被埋压在废墟下的人们获得宝贵的生命，灾区群众进行积极的互救活动，具有非常重要的意义。在救助的时候，必须掌握基本的原则和方法，这样才能保证救援的速度和有效率。另外，震后有组织的政府救援活动，对于挽救地震中受困群众的生命起着决定作用。

第一节　互助脱险，及时救人

地震发生时，高效有序的紧急撤离能够挽救很多人的生命；而在撤离的过程中，可能就需要对弱者伸出援助之手。比如，行动不便的老人和小孩，或者是身体上有伤或残疾的人士，都需要我们在关键时候助上一臂之力。可以这样说，在撤离中帮助别人脱险，其意义并不亚于在其被埋压后再进行救助。

地震发生后，如果自己没有受困，或是虽然受困但通过自救活动脱险成功。在地震平息期间，抓紧时间去救别人，是人们的正常反应。实际情况也确实证明，在地震发生不久后的短暂时间里进行有效的互救活动，能够最及时、最有效地减小人员伤亡。

抢救越及时，救活率就越高，这是一个很直观的概念。据有关统计资料显示，震后20分钟内获救的人员，救活率可以达到98%以上；震后一小时获救的救活率下降到63%，震后2小时还无法获救的人员中，窒息死亡人数占死亡人数的58%。他们不是在地震中因建筑物垮塌被砸死，而是窒息死亡，如能及时获得救助，是完全可以保住生命的。

在汶川大地震中涌现出来许多的救人英雄，他们中的很多人都是在地震发生后很短的这段时间里，对其身边受困的人员进行施救，才使很多的人再次获得生命。无独有偶，唐山大地震中有几十万人被埋压在废墟中，灾区群众通过自救、互救使大部分被埋压人员重新获得生命。由灾区群众参与的互救行动，在整个抗震救灾中起到了无可替代的作用。

地震发生后，挽救人生命最重要的一点就是抓紧时间。可以毫不夸张地说，在地震发生以后，谁能抓住时间，谁就掌握了主动权。震后救人，力求时间要快，由此引申出来我们应该注意的许多细节。

由于时间的紧迫性，震后救人要注意先救近处的人，后救远处的人，而不应舍近求远。地震发生以后，脱险的人可能会想到要去救援家人，这也是情理之中的想法，但是如果家人根本不在近处的话，自己再赶往远处去救家人，地震发生以后道路可能已经受阻，也许根本就到达不了自己要去的地方，即使到了，也耽误了大量的宝贵时间。这样做的更大坏处在于，近在身边的人本来可以获得自己的救助，就因为这样的耽搁，可能就失去了获得新生的机会。如果所有的人都选择"舍近求远"，那救援的效果就会大打折扣；相反，如果人们都能够做到先救近、后救远的话，很多生命都可以得到挽救。

时间很重要，对救援者来说是如此，对受困者来说更是如此。因此，抓紧时间就有了两个方面的含义，一是救援者在地震发生以后尽快投入到救援之中，挽救别人的生命；一是在救人的过程中，要注意给更多的受困者以生的机会，地震互救中有一种说法是"先救生、后救人"，即是强调在救援的过程中，如果有很多人受困，那么应该先为受困者解除死亡威胁，比如扒拉开头部的埋压物保证其呼吸通畅，然后再实施让其完全脱困的救援，这样做可以挽救尽量多的生命。

图 5-1　救援中首先要让被埋压者呼吸畅通

　　时间就是生命，这一具有普遍意义的至理箴言，在地震发生后的紧急状态下尤为正确。受困者应当抓紧时间争取自救；脱险者应当抓紧时间进行互救；专业的救援队伍也应当抓紧时间集结出发、奔赴灾区，进行有组织的救援活动。在地震救灾中，有一个"黄金救援 72 小时"的说法，就是强调在地震发生后 3 天内对受困者进行救援，其生还希望较大，一旦超过这个时限，即使救出，生还的希望也已非常渺茫。因此，分秒必争地组织救援队伍、准备救灾工具和物资、做好救援的服务和保障也都具有特殊的重要意义。

第二节　救人有法，挽救生命

　　地震后的互救活动，一定要注意方式方法问题，如果不能懂得一些救人的注意事项或是掌握基本的方法，在互救上就难以取得良好的效果，甚至可能对自己或他人造成不必要的伤害。其中非常重要的一点，就是要保证自身的安全。互救的本来目的就是在自己脱险的情况下，对其他人进行施救活动，以实现让更多人获得生命。

保证自身安全，有两方面的含义，一是在进行施救之前，要确认自己处于安全的状态下，起码是比较安全的状态下。比如，地震还正在发生中，想着要去救别人就是不太合适的举动，正确的做法是先保证自己逃生成功，待地震停止再进行施救活动。一是在救人的过程中，要注意保证自己的安全。地震后的救援活动本身是有一定的危险性的，比如要进入建筑内去救人，要注意观察建筑本身的情况，如果建筑有坍塌的危险，则一定要非常小心。在施救的过程中，也要注意保护自己的身体，以免受到一些不必要的伤害。

在救人的过程中，一定要有时间的概念，这个我们在上面已经提到过，就是要注意先救近，后救远，要抓紧时间救援更多的受困者。除了地点上要选择临近的人进行救援外，在救助对象上也应该注意有所区别。

地震发生以后，每个人受困的程度肯定会有所不同。在施救的过程中，要注意先救容易救的人，后救难救的人，这样做并不是要放弃对后者的救援，而是通过对容易救助的解救，来迅速地扩大救援的队伍，增强了救援队伍的力量，才会救出更多的受困者，当然包括比较难救的人。

尤其是对于难救的受困者来说，一个人对其救助可能会非常困难，人多了以后就要容易一些。从这个角度来看，后救难救的人，反而是对其负责任的做法。从时间的角度考虑，救助容易救出的人，花费的时间更少，而救助难救的人就会耗费更多的时间，从救人要抓紧时间这一点上看，这样做也是正确的。再者，容易救出的人通常身体状况会更好一些，而难救的人一定是受困严重，或者是身体受到的伤害较深，救助前者对扩大救助队伍有很明显的积极意义，而救助后者可能对扩大救助队伍作用不大，更可能会因为难救者的创伤在救出后由于得不到及时治疗而产生不应有的后果。

在震后救援的优先顺序上，还应该注意的一点是，要先救助医护人员和青壮年受困者。震后被埋压在废墟下的受困者，身体上多多少少都会受到一些伤害，即使没有伤害，也可能因为窒息等原因需要医疗救护。在外界组织的医疗救护人员赶到以前，或者是外界组织的医疗救护人手不足的情况下，灾区的医护人员发挥着特殊的重要作用。

在医护人员脱困后，可以对需要的人员进行一些科学的治疗和护理，不只是对被救出的受伤人员，也包括对依然受困的人员进行必要的医护救助。优先救助青壮年的重要性也很明显，青壮年在脱困后具有更强的救助别人的能力，尤其是地震废墟的清理，很多事情都是力气活儿，且地震发生后很多地方的特殊结构和构造，可能容不下那么多人去一起努力搬动一块石头之类，这个时候，一个力气比较大的人可能会发挥特殊的作用。

通过我们上面的说明，在救助的优先顺序上，应该优先救援那些有能力进行更大范围救援的人，医护人员、青壮年都是在救援人员过程中可以发挥重要作用的角色。同样地，救援过程中，对于有着较强组织能力的人的救援，有些情况下可能会产生特别的重要作用。当然，在对受困者的救援上，不可能是一成不变地按照一个方法来进行，各个具体的原则和方法都应该是灵活掌握的，比如"先救近，后救远"的时间原则，"先救生、后救人"的广泛救援原则都应该是救援过程中特别看重的。

震后救人，除了时间要快，把握救人的原则外，还应该注意的是要目标准确和方法得当。破坏性地震发生以后，房屋倒塌、地形变化，平时很熟悉的地方可能一下子变得陌生，实现自我脱险后，通过了解、搜寻，确定废墟中有人员埋压后，判断其埋压位置，是救人要进行的第一步工作。

地震发生后，要根据环境和条件的实际情况，采取行之有效的施救方法，将被埋压人员安全地从废墟中救出来，这时就必须知道被埋压人员所处的位置，并且尽量搞清楚对方的身体状况。通过向废墟中喊话或敲击，如果废墟中有人被埋压，且处于清醒状态，对方就会想办法让外面的人知道。在确认有埋压者的存在后，再根据所掌握的情况进行施救，可以取得较好的效果。如果在一开始人手有限的情况下，对不能确定有无埋压者的废墟进行目标不明确的清理，就会造成人力和时间的浪费。在确定埋压人员存在以后，就要努力确定其准确位置，同时开始对其进行救援行动，主要是运用扒救的方法。

被埋压者如果处于浅层的废墟或者是废墟的上部，扒救人员会比较容易听到被埋压者的呼救声，可以较准确地判断被埋压者的准确位置。并且由于废墟埋压层不太厚，如果埋压者不是被大的钢筋混凝土梁等牢固的重物压实，通过扒救对其实现解救的成功率较高。对于埋压在废墟较深处的人员，仅仅通过扒救者的听力、视力和其他感觉来判断被埋压者的位置，即使听到了被埋压者的呼救声，也不容易准确判断呼救者所在的具体位置。只能是一边扒救，一边进行语言或声音的交流，最终准确确定具体的埋压位置。被埋压者处于空间结构极为复杂的废墟中，生存条件恶劣且可能受伤较重，不仅要及时对其进行扒救，还一定要特别注意扒救的方法，这样才能提高被埋压者生的希望。

被埋压的人员在废墟中的生存空间和废墟的构造构成、人员伤势和身体状况可能非常复杂，应当根据不同的情况采取对应的措施。如果被埋压者头部的活动空间很小，应尽量争取先扒救出头部，防止在扒救的过程中被埋压者窒息而死。因为在扒救进行的过程中，被埋压者为了与外面的扒救者传递信息，以及出于恐惧等原因而大声呼救，这种情况下，头部周围的泥土等废墟物会很容易进入被埋压者的口鼻及呼吸道中，造成被埋压者窒息。有的被埋压者，其肢体可能多处被废墟压住，经扒救暴露出一部分身体后，应当弄清楚其肢体的被压情况后再进行扒救，不能生拉硬拽，否则可能会加重伤势或产生新的创伤。随着扒救时间的推移，一些被埋压者筋疲力尽，连呼救声音都十分微弱，扒救尤其要细心、耐心。

在对被埋压人员施救的过程中，一定要特别注意他们的安全，尤其是工具的使用要特别注意。在救援的时候，最好是有计划、有步骤地进行，哪里该挖、哪里不该挖，哪里该用锄头，哪里该用棍棒，都要有所考虑。当扒挖接近被埋压者时，要避免使用利器。扒救的过程中，要注意区分哪些是支撑物，哪些是一般的埋压物，注意不要破坏了埋压人员所处空间的支撑条件，以免引起新的垮塌，对埋压人员造成新的伤害。

扒救被埋压人员时，要尽早使封闭空间与外界沟通，使新鲜空气流入。扒救到埋压人员后，要先将其头部从废墟中暴露出来，清除口鼻内的尘土，以保证其呼吸畅通。扒救过程中如果使用机器造成尘土太大的话，要喷水进行降尘处理，以免埋压者窒息。如果扒救过程较长，一时难以救出被困者的话，可以设法向被埋压者输送饮用水、食物和药物，以维持其体力和生命。对于确实难以扒救出来的人员，可以作一个标记，以等待专业救助人员来施救。

另外，在施救的过程中，一定要避免对被救人造成新的伤害。被救人的处境往往十分危险和复杂，稍不注意就会引起楼板、房架、碎石的进一步塌落，造成新的伤害。在以前的地震救援中，就曾经发生过救援人员盲目行动，踩塌被埋压者头上的房盖，砸死被埋人员的情况。对于被埋压的人员中受伤较重的，在清除掉其身上一部分埋压物后，要注意了解其伤势情况再采取适当的措施，切忌强拉硬拖，致使其伤势加重或是产生新的伤势。对于埋压时间较长的人员，首先应输送饮料，然后边挖边支撑，注意保护被埋压者的眼睛。伤重人员救出以后，应该采取一些必要的医护措施后再送往医院或抢救点进行进一步的治疗。

第三节　政府组织救援

地震发生以后，除了灾区群众的自救互救活动外，最主要的救援活动应该是国家层面组织的地震紧急救援。震后及时、快速的反应和有效、有序的组织对挽救地震中受困的灾区群众生命至关重要。甚至从某一个意义上说，地震发生后灾区群众的自救互救活动，都必须能够接续上政府组织的救援活动才会产生效用，灾区群众的自救互救加上政府组织的救援，才构成了地震自救互救的完整图景。汶川大地震发生以后，国家的紧急反应和组织的救援活动可以让我们看到政府组织救援在震后救援中的巨大作用。

在汶川大地震发生后，国务院成立了以温家宝总理为总指挥的抗震救灾指挥部，并设立有关部门、军队、武警部队和地方党委、政府主要负责人参加的救援组、预报监测组、医疗卫生组、生活安置组、基础设施组、生产恢复组、治安组、宣传组等8个抗震救灾工作组，温家宝总理于地震发生当天即赶到灾区亲自指挥群众进行救援。

解放军紧急启动应急预案应对四川汶川地震，随后，国家地震局启动一级预案，并集结救援队。国家减灾委紧急启动国家二级救灾应急响应（后调整为一级），并组成救灾工作组即赴四川汶川灾区，协助指导抗震救灾工作。2009年5月12日16时，中国民政部从西安中央救灾物资储备库紧急调拨首批5000顶救灾帐篷支援四川

图 5-2　温家宝总理第一时间抵达灾区

灾区。20 时 36 分左右，成都军区驻汶川部队已就地开展救援，成都军区向灾区各个方向派出的救援人员已达 6100 人。

图 5-3　中国国家地震救援队队员赶往灾区

12 日晚 11 点 40 分，温家宝总理在地震灾区都江堰临时搭起的帐篷内召开国务院抗震救灾指挥部会议。此时，已有近 2 万名解放军和武警官兵到达灾区开展救援。另有 24000 名官兵被紧急空运到重灾区，还有 1 万名官兵通过铁路输送前往灾区，实施应急救助。

3000 名公安消防和特警也被紧急调往灾区。中国国际救援队也已抵达灾区，开始展开救援。

截至 5 月 13 日 22 时，人民解放军、武警部队和民兵预备役人员共投入兵力 47813 人，其中解放军官兵 15960 人，武警部队 4190 人。出动军用运输机 22 架，军用直升机 18 架，征集民航客机 12 架，空投物资 12.5 吨。军队救援工作在四川崇州、德阳、绵阳、什邡、都江堰、彭州、安县、北川等地展开。还有大量的部队正在源源不断地从全国各地向灾区疾进。5 月 14 日晚，又向灾区新增 90 架直升机，用于紧急救援。

截至 15 日 8 时，在四川汶川、都江堰、北川、茂县和甘肃陇南等地抗震救灾的武警官兵，已从废墟中救出 5500 余名受伤群众，转移疏散群众 5 万余人。15 日晚 6 时许，解放军武警部队已经全部到达 58 个受灾较重乡镇。20 时 20 分，空军空降兵部队首次向震中映

图 5-4　救援人员向灾区运送食品

秀镇通过降落伞空投大型装备。这为下一步加大对灾区的装备支援力度、开展有效救援提供了可能。

截至 16 日 14 时，中国民政部共向各地震灾区调拨救灾帐篷 18.146 万顶、棉被 22 万床、棉衣 17 万件。

5 月 17 日，通往震中汶川的多条道路已经抢通。参加救灾的 10 万大军士气高昂，价值 10 多亿元的物资装备日夜不停向灾区抢运。5 月 17 日下午 5 点 30 分左右，213 国道都江堰至映秀段最后一处大的塌方区实现抢通，成为继理县至汶川的 317 国道抢通后第二条通往重灾区的公路"生命通道"，这标志着从都江堰到映秀的公路交通实现了全线贯通。5 月 17 日 21 时 30 分左右，国道 213 线松潘至茂县、省道 302 线黑水至茂县公路先后被打通，这标志着此次地震震中区最后一座县城与外界的公路交通被抢通。

……

随着时间的推移，尤其是"黄金救援 72 小时"过去以后，被埋压在废墟下的人员生还机会逐渐变得渺茫，但是我们的救援活动依然没有停止，对幸存者的进一步搜索和营救，是震后救援活动中必须要有的救助步骤。

第四节　搜索幸存者

地震搜救资料显示，地震发生后长时间被困而获救的幸存者并不少见。由于很多坍塌的建筑中会保留蜂窝结构的空穴，使人得以幸存。对此有很多例证：1985 年墨西哥城大地震中的很多幸存者，包括坍塌的医院中的婴儿，在被困 1 周后获救；1992 年菲律宾地震中一位脚踝骨折、严重脱水的幸存者在被困 13 天后获救；1998 年亚美尼亚地震的很多幸存者在被困 9 天后获救；而 2008 年发生在我国四川汶川的大地震，更是创造了无数个生命的奇迹。

因此，地震之后，在没有检查过所有空穴之前，在尚未完成"选择性建筑物残骸清除"之前，在所有希望还没有都消失之前，绝不能轻易放弃或延迟搜救。多坚持一天，也许就能多挽救一条生命。

为达到最高效率，搜索和营救应由独立团队完成。当使用不能直接确认幸存者存在（如目视、对话）的搜索方式（搜救犬、声学仪器）时，须由两个独立搜索分队确认。以保证之后的营救工作有的放矢。搜救区域必须严格戒严，并最大可能保持安静。使用固定、醒目的符号对已经完成搜索的区域进行标识，以节约宝贵的时间和人力。在搜救人力、资源、时间有限时，须对搜救地点的优先级进行选择。每个搜救地点都必须指定一人专门负责协调，统一指挥，全权进行人员调度。

对幸存者的搜索主要有搜救犬搜索、仪器搜索和人工搜索三种搜索方式，并且出于更优化地安排搜索资源的考虑，搜索进行前要进行搜索策略的确定。为了保证搜索的有序推进，搜索队伍设置也应该遵循一定原则。

搜救犬搜索是以搜救犬分队为单位进行的搜索。一支搜救犬分队通常由两只搜救犬及其训练师和一名队长组成。在搜救任务开展初期一般部署两支搜救犬分队参与搜救。

　　搜救犬分队队长负责对被搜索区域的地形、结构特点进行分析，标示出所有重点信息，并将结果报送搜救行动的指挥部。

图 5-5　汶川地震中的搜救犬搜索

　　任何一支搜救犬分队发现有幸存者的可疑区域后，队长应该将该分队调离该区域。对某支搜救犬分队发现的可疑目标不应该马上标记，而是应当由该分队的训练师默记确切地点。同时派遣另一支分队对该区域再次搜索。如果第二支搜救犬分队同样认为该区域可疑，则标记该区域。一旦某个可疑区域被标记，队长应马上将标记结果报送搜救行动指挥部，营救小组将采取后续行动。搜救犬小队则继续搜索其他区域。

　　仪器搜索是指技术搜索人员使用声波、震动监听设备对受灾区域进行搜索。必要的话，也会使用光导纤维设备、红外热成像设备，

或者其他设备进行搜索。

技术搜索人员对受灾区域进行搜索并概括情况，标示出值得注意的信息，然后将这些信息报送搜救行动指挥部。

使用声波、震动监听设备，需要在建筑物或空穴周边部署至少两个探测器。

应使用大功率扬声器或其他喊话设备，向被困在建筑物中神志尚清醒的幸存者喊话。

要求幸存者发出重复信号（例如，"连续敲墙5下"）。

搜索区域应尽最大可能保持安静。

和搜救犬分队确认幸存者类似，应该派另一位仪器搜索人员对可疑地区独立进行确认。如果第二名搜索人员也确认该区域可疑，则标示该区域。标示结果应尽快报送搜救行动指挥部，以利于营救小队尽快开展后续行动。

光导成像设备可以精确、有效地定位坍塌建筑物空穴中的幸存者，配合混凝土锤、钻使用时尤为有效。

搜救人员可在坍塌建筑物表面（例如楼板上）钻一系列观察孔，搜索人员随后使用光导成像设备进行快速侦测。

因为光导成像设备可以清楚地看到幸存者，所以通常不需要进行二次确认。如果光导成像设备的操作人员还需要继续对其他区域进行搜索，应使用红色警戒线标示该区域有幸存者。标示信息应尽快报送搜救行动指挥部，以便营救分队马上展开营救行动。

光导成像设备的操作人员应该对被搜索区域的地形、结构特点进行分析，并标示出任何可用信息，以利于后续的搜索行动参考。

在受灾区域内部署人工搜索人员，直接对空穴和狭小区域进行搜索，寻找幸存者。人工搜索人员可使用视觉对受灾区域进行搜索。另外，可以排成队列倾听幸存者发出的声音。

使用大功率扬声器或其他喊话设备向被困的幸存者喊话并给予指示。然后保持受灾区域安静，人工搜索人员仔细倾听并标示出有声音的区域。

人工搜索比其他搜索方式更为准确，但搜救人员在受灾区域进行人工搜索有一定风险。

搜索策略用于大规模搜索的优先级确定，以下两种策略可以用来判断如何合理安排搜索资源。

第一种策略是将待搜索区域分区。根据受灾区域面积的不同和可支配资源的数量，搜索区域可按城市街区或其他易于辨识的标准来划分。按照面积比例将资源配置到每个待搜索区域。这种区域划分的方式对于面积较小的搜索区域较为适用，但是对于较大的区域——例如一个城市或城市的一部分来说，由于资源限制，这种方法并不实用。

第二种方法是针对不同类别的受灾地区设置搜索优先级。最可能有幸存者的地区（根据建筑类型来判断）以及潜在幸存人数最多地区（根据受灾建筑的用途判断）应给予优先考虑。例如学校、医院、养老院、高层建筑、复合住宅区和办公楼等，应优先开展搜救行动。

地震搜索行动通常配置两支搜索分队，每支均可作为首发队伍或后续队伍，从而持续交替执行任务。

图 5-6　日本救援人员在青川县展开搜救

一支搜索队伍的人员配置：

1. 队长：分队的领导者，概括情况并记录信息，与指挥部联络沟通，描述细节和提出建议。

2. 搜救犬专家：执行搜救犬搜索并对发现的幸存者进一步确认。

3. 技术搜索人员：执行电子仪器搜索。

4. 医疗急救人员：为幸存者及参与搜救人员提供医疗急救处理。

5. 结构专家：评估建筑物稳固性，并提出支撑加固建议。

6. 有毒物质处理专家：监测搜索区域及周边空气状况，评估、鉴别并标记出毒物的威胁。

7. 营救专家：对搜索分队进行辅助，包括为电子监视设备（相机、摄像机）钻孔摆放，并负责设置监听措施。

搜索队伍执行的操作内容：

1. 对受灾区域内建筑物进行侦查评测。包括建筑物结构、估测和系统报告。这项工作对于确定搜救优先级、评测和进行系统报告等工作非常重要。

2. 幸存者位置确认。包括搜救犬、仪器和人工搜索对幸存者位置进行确认；幸存者位置应该被明确标示。

3. 对于危害的鉴别和标示。评判任何潜在危险，例如建筑物的悬空部分、结构不稳或者潜在坍塌区域、有害物质、煤气、水电等。危险区域应该用警戒线标示并管制。

4. 对受灾区域内部及周边的基本空气情况进行评估。

5. 对搜索区域进行信息概括并列出所有需要注意的问题。向搜救行动指挥部报告搜索发现，并就搜救优先顺序安排提出建议。

搜索队伍必需的装备：

1. 电锤钻、凿岩机；

2. 电子监视设备（相机、摄像机）；

3. 监听设备；

4. 空气监测设备；

5. 标记材料（如粉笔）；

6. 警示设备；

7. 医药急救包；

8. 个人工具包（人手一套）。

第五节　营救幸存者

每个营救地点都必须指定一人专门负责协调，统一指挥。负责人拥有现场的全权人事调动权，包括调度那些本属于其他编制，但目前在这个营救地点工作的人员。

大型且复杂的搜救行动有时需要两支或多支营救分队合作。当两支或多支营救分队在一起合作时，搜救行动指挥部应该指定其中某支队伍的队长为此营救地点的全权负责人，且要把这个人事任命一定要传达到所有参与搜救的人员。在大型且复杂的搜救行动中，必须配备一名安全负责人。

获得营救分队以外的人员或组织的帮助往往是很必要的。这些帮助可来自于军人、公用设施承包商、重型设备操作人员等等。搜救行动指挥部应及时协调获得这些外部资源的协助。有效管理和指挥搜救分队之外的资源，对搜救行动的整体安全和效率非常必要。此类人员应佩戴明确的标识以表明身份（可以考虑使用警戒线作为臂章）。提供防护眼镜、安全帽等基本安全装备。密切监督没有（或很少）救援经验的工作人员。提供基本的安全和危险评估指导。

为了安全和提高搜救效率，必须制订并遵守人员出入救援地点的规定。与此同时，营救专家应严格管理整个受灾地区。进行危险状况评估并确定解决办法，关闭所有水、电、煤气等基本设施，确认和标识高危地带，确定营救区域，清除无关人员，安排场地进行器械装备，完成搜救地点评估和确定行动计划之后，召开简短会议通报情况。

坍塌现场的搜救行动可分为5个阶段：

1. 评估坍塌区域。搜索区域内的可能幸存者（在地面上或被掩埋）；评估结构稳定性；评估水电气设施状况，并关闭设施以确保安全。

2. 迅速、安全地转移地面幸存者。

3. 搜寻并探察所有空隙和坍塌建筑物中的空穴，以发现可能的幸存者。本阶段可使用喊话设备；只有经过训练的搜救犬或搜救人员才可对空穴或可进入空间进行搜救。

4. 确定幸存者位置后，使用特殊工具和技术，有选择性地移除建筑物残骸。

5. 大规模清理。通常在所有已知幸存者均被安全转移后才可实施大规模清理。

在营救资源不足以同时应付所有搜救机会时，须迅速决定营救先后。发生这种情况时，营救分队必须考虑以下的因素，确定所有搜救机会的优先级：

1. 幸存者生还的可能性和耐久能力；

2. 搜救难度和所需时间；

3. 搜救行动的预计结果（例如对一人的救援应让位于对两名或多名幸存者的救援）；

4. 搜救人员的安全。

在开展搜救工作之前，必须立即将受灾区域设为禁区。只允许搜救队伍和其他救援人员进入，并保证相关工作人员的安全。坍塌现场附近可能会发生二次坍塌、坠物或其他危险情况（例如余震等），将这些区域划为坍塌、危险区域。该区域只限搜救队伍中负责搜索和进行救援工作的主要队员进入。未被许可进入该区域的搜救人员，必须留在该区域以外。因此要在工作区域周围和坍塌、危险区域外设置封锁线。

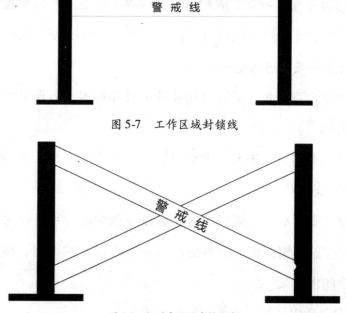

图 5-7　工作区域封锁线

图 5-8　坍塌危险区域封锁线

建立营救工作点时，必须优先完成以下规划：

1. 出入道路：必须事先规划好一条明确的进出道路。必须保证人员、工具、装备及其他后勤需求能顺利出入。另外，对出入口进行有效控制，以保证幸存者或受伤的搜救人员迅速撤离。

2. 紧急集合区域：这是搜救人员紧急撤退时的集结地。

3. 医疗援助区：这是医疗小组进行手术以及提供其他医疗服务的地方。

4. 人员集散区：暂时没有任务的搜救人员可以在这里休息、进食，一旦前方发生险情，这里的预备人员可以马上替换。

5. 装备集散区：安全储存、维修及发放工具及装备的地方。

6. 建材仓库：这里存放搜救行动中所需要的建筑材料，并在行动时分发。

在营救队伍中，必须有各方面的专家和营救的组织者来保证营救行动的正常进行。具体地，应该包括的人员和他们在营救中所发挥的作用如下所示：

1. 建筑结构专家。负责对建筑物的建筑结构进行评估，给出危险级别判断，并随着情况的变化不断给出新的评估和判断。

2. 危险材料专家。协助搜救队伍鉴定危险物品、评估建筑物周围和内部空气状况及后续的再次评估。

3. 医学专家。提供医学评估、对幸存者实施救治。搜救人员应当确保医疗人员能尽快接触到幸存者，这可能需要临时停止搜救工作。

4. 重型设备专家。在搜救工作需要起重机、重型搬运机等设备时提供建议。另外，他们必须作为搜救人员和设备操作人员之间的联络员，保证双方有效地沟通。

5. 技术信息专家。对营救行动的进展进行记录。

6. 搜救团队负责人。对整个搜救团队进行组织和协调，整合公用事业、执法、军队及志愿者等其他人员的力量。

在整个营救的过程中，必须保证营救人员的人身安全。在开始营救之前，必须让所有参与搜救的人员明确了解警示信号和撤退流程。比如，警报可以按下述方案鸣响：

1. 暂停行动，保持安静：一声长笛（持续 3 秒）；

2. 撤离该区域：三声短响（每次 1 秒），暂停一下，再次重复，直至所有成员撤离；

3. 重新开始行动：一长一短。

第六节　互救救援故事

一、帮助同学一起脱险

这是 3 个 15 岁少年的故事，在那剧烈的摇晃中，在谁也不知道会发生怎样的危险中，3 个少年的举动让人不由心生崇敬。

2008 年 5 月 12 日，汶川地震发生时，这 3 个少年所在的陕西省宝鸡市千阳县红山中学初三（2）班正在上英语课，同学们安静地做着笔记。突然，杨鹏感觉屁股下面的凳子强烈地颠了一下，他以为是同桌在搞恶作剧，就扭过头去瞪着他，却看到全班同学都在紧张地四下张望。接着，课桌椅的抖动更猛烈了，头顶的灯管也剧烈摇摆起来，地面的震动感觉十分明显，还伴随着不知道从哪里传来的"轰隆隆"的像闷雷一样的响声。

全班同学当时都惊恐万状，而最初和他们一样吓得有些惊慌失措的英语老师，这时立即停止了讲课，高声对大家说："大家不要慌！可能发生地震了，按照从第一组到第四组的顺序，迅速向操场撤离。"说完，老师转身走出教室站在楼道里组织同学们疏散。

　　一切来得那么突然，容不得周全考虑。楼上的"雷声"越来越响，连接教学楼与教工宿办楼的天桥被拽拉得"啪啪"作响，天桥、宿办楼外墙瓷砖哗哗下落。此时，在与教学楼连接的实验楼楼梯、宿办楼的北楼梯、教学主楼的中楼梯三个楼梯上，响起了近 1500 名同学急速而有序地跑步撤离声。

　　初三（2）班教室位于教学楼二楼东头第二间，几十秒钟之内，几乎所有同学都已撤出了教室向楼下跑去，然而，该班的朱晓丹同学却犯了愁，焦急的眼泪一下就涌了出来。原来，就在 10 天前，她在家不小心扭伤了右脚脚踝，地震发生的时候她右脚的肿胀仍然没有消除。

　　这时候，晓丹扶着桌子，艰难地往外挪动，强烈的恐惧和剧烈的疼痛使得她才走了两三步就差点坐在地上。这时，坐在第四组最后一排的杨鹏迅速跑到第一组的晓丹身边扶起她："不要怕！我扶你！快跑！"不容一向腼腆的晓丹拒绝，杨鹏已经搀起了她，帮她右脚离地往外跳着跑。到楼梯口时，四、五楼的同学也都撤了下来，杨鹏小心地护着晓丹，安慰她说："小心点，不要摔着！"

　　听了杨鹏的话，晓丹心中充满了感激，虽然眼角的泪滴还没有干，嘴角已经露出了笑容。

　　正在这时，浑身湿透、满头大汗的杨鹏眼前一亮，兴奋地大叫起来："啊！你们怎么也上来了？"原来是同班的赵瑞亮和张博，他们气喘吁吁地跑了上来，和杨鹏、朱晓丹在一楼、二楼楼梯拐角的平台上相遇。

原来，赵瑞亮和张博在老师发出撤离令之后，飞快地撤到了操场。一些同学由于惊吓坐到了地上，大多数人感到头晕目眩，好像晕了车。突然，不知哪个女同学喊了一声："朱晓丹还没下来！"听到此话，他们不约而同地冲出了刚刚聚拢的队伍，迎着急速向下撤离的队伍向教室冲去。

3个少年在楼梯相遇后，共同搀起朱晓丹向楼下跑去。当他们到达教学楼前升旗平台时，站在操场的同学们惊喜地向他们欢呼起来。这时，杨鹏就像刚从游泳池里出来一样，从头到脚湿漉漉的。站到操场以后，杨鹏才发现自己的双腿不争气地抖动起来，汗水也比刚才流得更厉害了。事后被问其当时是否害怕时，这3位少年回答道："害怕也不能丢下同学！"

二、震后被埋墙角互救逃生

陈同学是云南省腾冲县云华中学初中一年级的学生。2008年5月12日，地震发生时，她正在给班上的同学发数学考试卷。突然，教室出现剧烈摇动，她从室内被甩到了走廊上。这时，她脑中忽然闪过电视上播过的唐山大地震的情景，于是大喊："地震了，快跑！"

随后，她立即从地上爬起来，向通往一楼的楼梯奔去。刚刚走到拐角处，房子就塌了。她和她的同班邓同学、童同学三个人被一个大柱子卡在了一个90度的墙角。十几分钟之后，地面恢复平静。

此时，陈同学恢复了意识，她感到下半身剧痛。这时，听到身旁的邓同学说，"你们都醒醒，不要睡!"陈同学说，"我好痛。""坚持，不要放弃，老师说我还要向你学习呢!"邓同学微弱的声音响在耳旁。大家你一言，我一语的互相支撑着。

可能是听见有人声了，陈同学身下有个人，发出了"救命"的呼救。这时，陈同学问：你是谁啊! 话音还没落，身下的人就断气了。

这个人的死去，让他们三个意识到必须互救。于是，满头是血的邓同学，艰难地扒掉了陈同学胸前和头上的石头，让她可以呼吸自如。陈同学又忍着剧痛，用脚扫去了童同学胸前的大石头，但压在童同学腿上的大梁，怎么推都推不动。

这时，邓同学用尽全身的力气，用石头敲碎了头顶上的玻璃，先爬了出去。接着，又伸手把陈同学从里面拖了出来。为了能救童同学，邓同学背起陈同学就跑，而此时，陈同学见她满头满脸都是血，便把自己的衣服脱下来，帮她捂住伤口。当她们跑到街上后，就让路上的人来救出了童同学。

这时，距离地震发生，已过去了近两个小时。童同学已受伤较为严重，一拖出来就被送医院做了截肢手术。而陈同学因为十二指肠断成了三截，人出来后，一直处在昏迷中，经过两天昏迷，做了十二指肠缝合手术的陈同学，终于清醒过来。当她睁开眼看着身边的母亲时，微微笑了，她说："妈妈，我们没死。"

三、废墟中用歌声来保持清醒

2008 年 5 月 12 日，15 岁的甯加驰和同学们正上着物理课。突然教室开始剧烈摇晃，"地震了，快藏到桌子底下！"不知是哪位同学大叫了一声，这时墙体开裂，水泥预制板狠狠地砸下来，甯加驰和大多数同学一起被埋在废墟里面。他只记得自己双膝跪地，左手被死死压着。

不幸中的万幸，甯加驰发现附近一堆预制板之间露出一个缝隙。出于求生的本能，甯加驰不停地扭动脖子，将头侧了过来，终于有了一个暂时可以呼吸的空间。这时，从他身边传来了一个微弱的声音，"救救我，我的脸好痛！"是女同学曾婧。

通过仔细观察，甯加驰发现他们 4 个同学呈"叠罗汉"的姿态被压在一起，周兰在最上面，他的头顶着祝翔的屁股并排压在中间，处境最危险的是被压在最下面的曾婧。甯加驰发现周边已经没有空间，于是他摸索着用唯一可以活动的右手拉住了女孩的手，一边安慰她不要害怕，一边忍着痛帮助曾婧一点一点移动过来，让她的头可以伸到自己蜷起的膝盖和肚子之间的空隙里，这样既可以让她呼吸也可保护她的头。不过这一使劲，却让甯加驰的左手被挤压得更紧了。

等曾婧的情绪稳定下来后，甯加驰又马上鼓励周兰和祝翔要镇定、坚持、别放弃。时间从来没有像现在这样漫长，外面还是没有任何动静……两个女生开始发抖了，祝翔的意识逐渐迷糊起来，声音越来越低，最后竟毫无声息了，甯加驰赶紧掐祝翔，边掐边喊着祝翔的名字，直到祝翔再次开口说话。

"我们唱歌吧！"甯加驰提议，"团结就是力量，团结就是力量，这力量是铁，这力量是钢……"甯加驰起了个头，3个同学被甯加驰的歌声感染了，跟着节拍小声地唱了起来，他们一首一首地唱下去，一遍一遍反复唱，求生的信念在歌声中被找回。祝翔的意识又开始迷糊了，甯加驰又赶紧把他掐醒……5个小时之后，4人全部获救了。

四、小班长林浩的故事

2008年8月8日的奥运会开幕式上，中国代表队旗手姚明手牵着一位小朋友。他的头顶上有一块鸡蛋大小的疤，头发还没有长出来。这位虎头虎脑的小男孩，就是在汶川地震中救了两名同学的小英雄——林浩。

9岁的林浩，是汶川县映秀镇中心小学二年级的学生。学习成绩很好的林浩，一直是班上的班长。地震发生的那一刻，班上正在上数学课。林浩刚跑到教学楼的走廊上，就被楼上跌下来的两名同学砸倒在地。

"那个同学压在我背上，我怎么都动不了。当时，垮下来的楼板下，有一个女同学在哭，我就告诉她，不要哭，我们一起唱歌吧，大家就开始唱歌，是老师教的《大中国》。唱完后，女同学就不哭了。后来，我使劲爬，使劲爬，终于爬出来了。"

逃出来的林浩，并没有跑开，而是去救还压在里面的同学，"爬出来后，我看到一个男同学压在下面，我就爬过去，使劲扯，把他扯了出来，然后交给校长，校长又把他交给他妈妈背走了。后来，我又爬回去，把一个昏倒在走廊上的女同学背出来，交给了校长，她也被父母背走了。"

连续救了两个同学的林浩，再次跑进教学楼救人时，遇到垮塌的楼板，又被埋在了下面，"我使劲挣扎，后来，是老师把我拉出来的。"说起自己身上的伤，林浩说："我开始爬出来的时候，身上没伤，后来爬进去背他们的时候才受伤的。"

林浩所在的班级，共有 32 名学生，在地震中有 10 多人逃生。这其中，就包括林浩背出来的两个同学。被问到为什么去救人时，林浩平静地说："因为我是班长！如果其他同学都没有了，要你这个班长有什么用呢？"救完同学后，林浩一直没找到自己的父母，直到 2008 年 5 月 21 日，才和在汶川县草坡乡打工的父母联系上。

五、7 孩童被困 70 多小时后获救

"救救我……"北川县城废墟上每一个微弱的求救声，都是一个渴望生命的强音。黑暗中，北川县曲山小学的废墟上，那些被困的生命一次次发出这样的呼唤。忍受了 70 多个小时黑暗之后，云南的救援队员给了曲山小学 7 名孩子第二次生命。

将近一天的救援工作中，救援人员冒着房屋顶棚坍塌、余震频袭的危险，想尽一切办法救出了 7 名孩子。哭声冲天而起，但那并不仅是因为悲伤，更多的却是因为激动、感谢和爱的宣泄。

12 岁的李月就紧紧拉着救援队员陈珍才的手，直到她被成功救出。"叔叔，你能给我唱首歌吗？"虽然陈珍才来不及满足李月的要求，可他还是一直握着李月的双手。"月月真乖，很配合我们抢救。"陈珍才的眼里满含泪水，他顿了一下接着说："等她好了，我一定给她唱首歌。"外面传来医护人员抢救李月的声音，陈珍才起身冲进废墟中，那里还有别的孩子等着救援队员。

被山体滑坡摧毁的曲山小学原来 3 层的教学楼现在变成两层。废墟的第一层埋住了 7 条生命。"月月就埋在墙角，她前面一根柱子压在了一名男孩的腰上。男孩已经死了，月月因为左腿被压住，无法动弹。"陈珍才的眼里充满着怜爱。

"立即勘查房内情况，采取救援措施，要尽最大努力把人员解救出来！"负责带队的驻滇某团参谋长商志军一声令下，救援一组迅速进入废墟。教学楼的房梁已经被顶杆支撑，可顶杆上下的着力点，战士们都不敢用力碰触。"往上顶，下面的就会坍塌；往下顶，上面的又受不了。"商志军的声音很轻，紧锁的眉头却透露着对战士的担心。

5 月 15 日早晨 7 点 30 分左右，随救援队一起赶到四川震区的 3 条搜救犬进入废墟。不到一分钟，它们就准确地搜索出孩子们被埋的位置。救生犬的叫声让在场的每一个人都兴奋不已。"还活着就好，3 天了啊！"月月的远房叔叔赵云贵泣不成声。

楼板一块接着一块，在两层楼板之间，月月和其他5名孩子被压在一起。没有空间，设备无法进场。"一点一点地挖，想尽一切办法营救孩子。"商志军坚定地说。

清垃圾、挪楼板，月月旁边的空间越来越大。"动不了，怎么办?"月月的左腿被楼板死死地压住，小腿部分已经变成黑色，而在她的后面还有几个和她命运相同的孩子。

"医疗队，看看能不能考虑截肢!"海军总医院医护人员赶到现场，查看了月月的情况后，医生失望地说:"月月的腿已经坏了。"下了定论之后，医护人员就开始手术前的准备。麻醉药、线锯等器材一一进入现场，救援队已给医生进行手术腾了足够的空间。早上11点10分左右，截肢手术正式开始。

"月月很乖，我用纱布蒙住她的眼睛，我真害怕她看到这一切。"和月月一起经历了手术过程的陈珍才回忆起那一幕还有些心疼。听到外面医生要截肢的说法后，月月焦急地哀求:"千万不要锯我的腿啊!"陈珍才爱莫能助，他拿起纱布对月月说:"现在要救你出去了，我把你的眼睛蒙上好不好?"月月的腿被截肢，20分钟后，她被救援人员抬出废墟。月月被救出后的最后一刻，她问陈珍才:"叔叔，我是不是最勇敢的?"陈珍才撇撇嘴，用双手蒙住了眼睛……

和月月被埋在一起的，还有小女孩小黄等6名学生。在救援月月的同时，几个孩子还在用微弱的声音交流。"不要吵，会影响叔叔救人。"小黄劝旁边被困的同学。中午12点左右，救援人员还在忙碌地进行救援。此时，余震还在威胁着灾区。突然传来"轰"的一声，一阵强烈的余震袭来，远处的山上有几个石头滚下山坡。但谁也没有退缩，经过八九个小时的救援，和月月困在一起的 6 名小孩被成功营救出来。

六、妻子用爱支撑瓦砾下的丈夫

"我不行了，你快离开这里！照顾好孩子，好好生活下去。"

"老公，不要放弃，马上就会有人来救你！"

······

5 月 13 日上午，都江堰金凤乡政府家属区里，妻子朱芙蓉流着泪朝废墟里呼喊，鼓励丈夫谭刚义坚持下去。上午 10 时 30 分许，武警官兵用手将谭刚义从废墟中刨了出来，此时，距地震发生已经过去 20 小时。在场近百名群众共同见证这一起爱和勇气缔造的奇迹！

地震发生后一小时，幸运躲过灾难的都江堰市居民朱芙蓉想起丈夫谭刚义还在家里，决定徒步 8 公里回家看看。下午 5 时许，她回到家，惊见家里的小楼塌成了一堆七八米高的瓦砾！"老公！你还在吗？"朱芙蓉地爬上废墟哭喊。"我在这里，救我！"一声模糊的回应从她脚下的瓦砾中传出，是丈夫谭刚义的声音！朱芙蓉立刻发疯似地刨着瓦砾，但立刻感到手指钻心疼，同时几块预制板横亘眼前，她不得不停止行动，趴在瓦砾堆上啜泣。

"我大腿被石头砸中，可能坚持不了多久了。"丈夫平静地说，"老婆，这里很危险，你快下去，好好活下去······"听到丈夫的话语，朱芙蓉感到一丝不祥："老公啊，你一定要坚强。我和孩子那么爱你，我们谁都离不开谁。"言毕，夫妻二人失声痛哭。

得知谭刚义被掩埋的消息后，亲朋好友们陆续赶到现场，轮番爬上废墟给谭刚义打气。到了晚上，一场大雨降临，废墟四周再次陷入一片死寂。为防止废墟再次坍塌造成人员损伤，街道办工作人员赶来劝朱芙蓉离开现场。"老婆！你放心，我一定会坚持住！"谭刚义保证。随后，众亲友连哄带骗，将朱芙蓉拖离现场。

13日清晨5时许，朱芙蓉再次赶赴丈夫被困地点，"老公，听得到不？我来了。"许久之后，才有一丝极其微弱的声音传了出来："老婆，我……还在。"朱芙蓉这才放下心来："老公，你再坚持一下。天亮了就有人来救你了。"

上午8时许，一辆满载武警官兵的卡车经过废墟，朱芙蓉立刻上前呼救。此时，废墟两侧5米处各有一栋危楼，在余震中摇摇欲坠。为防止伤到被困者，官兵们完全徒手挖掘。搬开石块后，官兵们又用小锤子，将体积较大的预制板敲碎。

1个多小时后，谭刚义与消防官兵之间只有一墙之隔。但此时，余震再次来袭！"你们走吧！太危险了，下面有一段是空的！"搞建筑的谭刚义明白，如果此时发生坍塌，武警官兵也会陷入废墟中。好在余震只持续了几秒钟，官兵们继续展开救援。上午10时30分许，谭刚义终于露出了头！逃生意志很强的他在等待救援同时，用手在四周刨开了些许缝隙，为官兵的救援节省了时间。在被掩埋了约20个小时后，谭刚义终于被武警官兵抬出了废墟！

第六章

地震伤员的紧急护理

　　地震发生后，通过互救活动使受困人员脱险，有的人可能没有受伤或受伤较轻，可以自行处理自己的伤势；但很多人由于在地震发生后的建筑物坍塌造成身体受伤较重，或是由于长时间掩埋在废墟下，救出的时候身体健康状况不是很好，这时就应该注意对伤员进行必要的急救护理。从废墟中救出的伤员，很多都存在着出血、骨折等情况，因此掌握止血、包扎以及搬运伤员的方法就异常重要。另外，由于有的人在被救出后，心理上悲喜起伏很大，可能会出现紧急的心理危机，因此进行现场的紧急心理救援也非常必要，并且这也是震后长期心理救援和心理康复的基础步骤。

第一节 现场急救处理

在废墟中救出伤员后，要快速、轻巧地暴露其头部，清除尘土，暴露胸腹部，如有窒息，应立即人工呼吸。一旦人的呼吸、心跳停止，30 秒后就会发生昏迷，6 分钟后就会发生脑细胞死亡。因此，对废墟中救出的伤员进行现场急救的几分钟非常关键。对伤员的急救原则是排除窒息和呼吸道梗阻，处理创伤性休克，处理完全性饥饿，外伤止血、包扎、固定，将其搬运到医院或医疗点进行进一步的治疗。

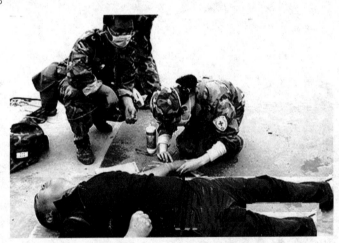

图 6-1　对伤员进行急救

对于长时间埋压在废墟下的人来说，其眼睛要避免强光刺激，因此应该对其进行特殊护理。在幸存者暴露在阳光下之前，要使用衣服或其他深颜色的布料蒙上伤员的眼睛。对于长时间处于饥饿的人，要对其进行喂食，使其逐渐恢复体力，但一定注意不能一下子喂过多食物。对于发生流血、骨折等严重情况的伤员，也必须按照科学的方法对其进行护理，否则会造成难以挽回的损失。

特别地，针对从废墟中救出的伤员极容易出现休克、骨折、外伤性昏迷、腹部受伤等情况，掌握这些情况下对伤员的急救措施非常重要。另外，由于伤员在废墟下可能长时间被重物挤压，针对其在被救出后出现的挤压综合征也应该掌握救援方法。

一、对休克伤员的急救

休克是由各种极为严重的致病因素（如严重的创伤、出血、感染、心肌梗死等）引起的，以急性微血管循环障碍为中心环节，导致以损害生命攸关的重要脏器细胞为结果的临床综合征。因此，休克并不是单一而独立的疾病，是多种危重疾病造成血容量、心功能、周围血管阻力及血液分布等方面的改变，以致不能满足机体代谢需要的一种紧急状态。

休克并非仅仅为血压的下降，休克初期血压不仅下降不明显，舒张压还会有所增高。因此，休克的临床观察应重点注意以下诸方面：

1. 口唇及全身皮肤呈苍白色、湿凉，有黏汗；

2. 躁动后有抑郁、反应迟钝等神志精神的改变；

3. 脉搏软弱无力而快速（120～140次/分钟），血压逐渐下降，收缩压与舒张压的间距缩小；

4. 尿量减少（每小时少于 15 毫升，24 小时少于 400 毫升）。

对于休克的现场急救，应采取平卧而下肢抬高 15 度到 20 度角的体位，这样有利于静脉血回流，保证基本生命支持的需要。心源性休克伴有心功能不全，尤其是有左心功能不全的突出表现时，头部、躯干应稍加抬高，以利呼吸。

设法保持比较正常的体温，对于低体温者应加以保温，室温调整在 22℃～28℃，湿度以 70% 左右较为适宜；如系高温者需作有效而适当的降温，仍以采用物理降温为好，防止药物降温引起过多出汗而加重病情。

保持呼吸道通畅，清除口腔内痰液等分泌物或异物，以保证休克时供氧不足有所改善，及早送病人至医疗机构救治。

二、对骨折伤员的急救

地震发生后的建筑物坍塌，很容易造成人员发生骨折情况。骨折分为外骨折和内骨折两种类型。

外骨折是指断骨可能会刺破皮肤，有明显的伤口。这种情况容易引起病菌感染，使治疗变得更加困难。在夹板固定前要把断骨复位，断肢摆直，这一定很痛。如果伤员已经昏迷，可以直接完成。

内骨折是指断骨没有刺穿皮肤或裸露在外。触动受伤部位时，即使外施轻微压力，也会一触即痛。内出血进入组织以后，会引起肿胀，随后出现青紫斑或失去血色。移动伤肢，伤员会痛苦大叫。

对于骨折可用固定的方法急救，固定整条断肢，用绳子吊起断臂。为了增加固定的稳定性，在没有夹板的情况下可将伤肢与对称的另一肢一起绑扎。在双肢之间空隙部位填充衬垫，使得伤肢处于合适的位置。在断肢上下及邻近关节之间用柔软结实的材料绑牢扎紧。所有的绳结应位于同一边，平结会便于检查伤口。悬吊材料以三角形绷带最为理想，布料、腰带等在紧急时也可使用。不能用绑绳直接捆扎伤口，或者让绳结压住伤肢。针对伤员不同部位的骨折情况，应该有针对性地进行合适的处理。

1. 肘部以下骨折：用悬带将伤臂吊于肩上。从肘部至中指用加垫的夹板固定。在肘部下方打结可以阻止滑动。手臂抬高可以避免严重肿胀。

2. 肘部骨折：肘部弯曲，用狭长吊带支持。上臂与胸部捆扎在一起，阻止上臂摆动。检查脉搏，确保血液循环。如果摸不到脉搏跳动，可稍稍将臂部放直，观察能否恢复。如果断肘僵直，别硬要弄弯它。用加垫的夹板将它竖直固定，用吊带将断臂绑在腰部。

3. 上臂骨折：从肩到肘用加垫的夹板固定。腕部用窄带吊于颈部。

4. 肩胛骨骨折：用吊带支撑受伤部位重量，用绷带将臂部与胸部固定。

5. 锁骨骨折：用吊带支撑受伤部位重量，用绷带将臂部与胸部固定。

6. 下肢骨折：需用"八"字形绷带将足踝与双腿都捆扎起来，

这样可以防止断肢翻转或缩短。

7. 髋部或大腿骨折：将一块夹板放于腿部内侧，另一块更长的夹板放于伤肢外侧，由胯部至足踝部，用绷绳捆扎固定。如果没有夹板，可在两腿之间夹上衬垫、折叠的毛毯或衣物都可以，伤肢绑扎固定于对称的另一条腿上。

8. 膝部骨折：如果伤腿僵直，将夹板置于腿后，膝部加垫。如果有条件，用冰块冷敷膝部。如果伤腿弯曲，不要强行拉直，可将双腿并拢，腿之间加垫，绷带扎牢。如果不能得到及时的医疗援助，那么应尽可能将伤腿绑直。

9. 小腿骨折：从膝上部开始固定夹板，或者在双腿间加垫、捆绑。

10. 足部或踝部骨折：通常不用夹板，抬高足部以减缓肿胀。用枕垫或折叠式毛毯包裹踝部及足。踝部以上绑扎两圈，足部绑扎一圈。另外，如果没出现伤口，可以不必脱鞋，以起到固定作用。伤员足部不能负重。

11. 骨盆骨折：表现为腹股沟或下腹部疼痛。分别绑扎膝部及踝部，在腿部弯曲处垫上枕垫，使整个身体固定于平台上，担架、门板或桌面等都可以。分别于肩部、腰部及踝部绑扎牢靠。在两腿之间加垫，足、踝、膝和大腿之间分别用绷带绑扎固定，用两根更长的绷带绑扎骨盆部。

12. 颅骨骨折：症状表现为血液或淡黄色黏液从眼鼻处渗出。应将伤员放置于恢复位，渗液面朝下，允许黏液流出来，这样就不会压迫大脑皮层。仔细检查确保伤员能否正常呼吸。完全式固定包扎，尽可能让伤员舒服一些。

13. 脊椎骨折：如果伤员颈背部疼痛，而且下肢可能失去感觉，应判断是否是脊椎骨折。轻轻触动伤员肢体，察看有无感觉；要求病人按指示运动手指及脚趾。如果没有希望获得医疗援助，此处又很安全，要求病人静静躺卧。用合适的物品，例如行李或垫石支在身体左右，防止头部或躯体摆动。

14. 颈椎骨折：怀疑颈椎发生骨折时，必须用适当材料围住颈部，阻止其晃动。用卷起的报纸、折叠的毛巾、车坐垫等材料都可以，折叠成宽约 10～14 厘米的带状物，根据伤者从胸骨至下颌部的距离，朝向面部的一侧要折叠得宽一些，围住颈部，用布带或鞋带系好。防止颈椎骨折产生更严重的后果。同时，将伤员肩部及髋部绑扎牢固，用柔软有弹性的物品垫在大腿、膝盖及足踝之间。用宽松的绷带绑扎双膝及双腿，全身固定。尽快寻求医疗救助。

三、对外伤性昏迷伤员的急救

在救出外伤性昏迷伤员后，要让伤员平卧，下颌抬高，保持其相对固定的体位，保护好伤员的头部，避免头部活动。松解开伤员的腰带、领口等压迫物，以使其呼吸通畅。伤员如果呕吐，则应将其头偏向一侧，以利呕吐物排出，避免呕吐物被吸入气管。如果伤员安有假牙或牙齿有破碎情况，要取出假牙和碎牙。要对伤员口腔内的凝血块、呕吐物、分泌物等进行清除，以帮助其建立有效的呼吸通道。伤员如果发生呼吸暂停，要立即进行人工呼吸，条件允许的话要立即给氧，尽快输液。尽早转移到治疗点或医院进行救治。

四、对腹部受伤伤员的急救

腹部受伤分钝伤和锐伤两大类。钝伤外部无明显的伤口流血，但有可能引起脾、肝、肠、肾等破裂，出现出血性休克症状；锐伤有明显的流血伤口，有的还伴有内脏脱出。

对钝伤的紧急处理关键在于要考虑到出血性休克的可能。若有明显压痛、头晕乏力感，以及口渴要喝水等情况，有可能是内出血，应该使伤者平卧，双腿下放枕头，使下肢抬高，可增加回心血量，不能给伤者喝水，以免增加腹腔内脏血流量而加重内出血。钝器伤引起的内出血如果不能及时被发现，往往会造成严重后果。

当腹部受锐器伤造成肠子脱出时，千万不能将肠子回纳至腹腔内。这是因为正常人的肠子在肠腔内按一定方向排列，履行消化、吸收、蠕动功能。当腹壁受伤伴肠子脱出时，肠子排列变得紊乱无章，而无规律地将其回纳至腹腔，即可造成脱出肠子的扭曲、嵌顿，于是形成血液循环障碍使其缺血和坏死；另外，肠子脱出后极易造成污染，用未经消毒的手将其回纳至腹腔时，又可把外界细菌带入腹腔内，极易造成腹膜炎。

腹部创伤并发肠子脱出的伤员，可用一块厚的消毒敷料对肠子加以保护，或用干净的饭碗扣住已脱出的肠子，然后再用绷带包扎，注意避免压迫脱出的内脏。如果脱出的肠子已穿破，且有内容物外溢，可临时用钳子钳闭，将其一起包在敷料内。伤员取半卧位或仰卧位，膝下垫起，以松弛腹壁肌肉，降低腹压；病人尽量不用力咳嗽，以防肠子继续脱出。严禁饮食、喝水，因为这样会加重肠子的负担、增加肠内容物，从而加大手术的难度。对疼痛剧烈者，可肌肉注射止痛药剂。

五、提防震后挤压综合症

地震发生后，挤压综合症是仅次于建筑物坍塌导致外伤的第二大死亡原因，但如果能及时得到正确的救治，许多人可以保住生命。

在被挖掘出来之前，压在伤者身上的瓦砾起到了止血带的作用，有效地让血液循环不经过受压部位。在被救出后，受挤压肌肉的机械拉伸以及肌肉组织因供血不足出现的坏死，会导致有害物质释放。

埋在瓦砾下时，他们相对来说是安全的。当压迫身体的东西被移走后，血液会进入受损的肌肉组织，这时麻烦就来了。最先出现的是钾离子构成的威胁。在肌肉细胞中，钾离子的浓度很高，它对肌肉的收缩功能发挥着至关重要的作用。血液中出现太多的钾会让心脏出现不规律的跳动，甚至最终停止跳动。另一种威胁来自肌红蛋白，它能够与肌肉中的氧结合，最大限度地提高肌肉的工作效率。但一旦肌红蛋白释放到血液中，就会渗入肾脏，并积聚起来，阻塞

肾小管，并最终损害肾脏，有时这种损害是永久性的。

给伤者静脉输液能够稀释这些物质，并有助于将它们排出体外。通过其他方法也能够防止心脏受到钾离子的损害。如果伤情严重，就必须透析。通过透析，受损的肾脏往往能够恢复正常功能，不过患者通常需要接受至少两周的透析治疗。在治疗过程中，还有可能出现危及生命的并发症，比如感染、出血等。

第二节　伤员止血方法

地震后抢救出来的伤员，受伤出血的情况比较普遍，针对流血伤员的止血处理，是最基本的急救护理。动脉出血时，出血呈搏动性、喷射状，血液颜色鲜红，可在短时间内大量失血，造成生命危险；静脉出血时，出血缓缓不断外流，血液颜色紫红。对地震伤员的止血处理，主要是采取一般止血法、指压止血法、加压包扎止血法、屈肢加垫止血法、填塞止血法和止血带止血法等几种方法。

一般止血法主要针对较小的疮口出血进行处理。先用生理盐水冲洗伤口，然后进行消毒，最后覆盖多层消毒纱布用绷带扎紧包扎。如果受伤的地方是头部等毛发较多的地方，则应在处理前剪剃毛发。

指压止血法是指在伤口的上方，即近心端，找到跳动的血管，用手指紧紧压住。这是紧急的临时止血法，只适用于头面颈部及四肢的动脉出血急救，压迫时间不能过长。指压止血的同时，应准备材料换用其他止血方法。在采用指压止血法的时候，救护者必须熟悉各部位的血管出血的压迫点，这里给出身体各部位出血和指压点的位置：

1. 头顶部出血。在伤侧耳前，用拇指压迫颞浅动脉。

2. 头颈部出血。用大拇指对准颈部胸锁乳突肌中段内侧，将颈总动脉压向颈椎。注意不能同时压迫两侧颈总动脉，以免造成脑缺血坏死。压迫时间也不能太久，以免造成危险。

3. 上臂出血。一手抬高患肢，另一手拇指在上臂内侧出血位置上方压迫肱动脉。

4. 前臂出血。在上臂内侧肌沟处，施以压力，将肱动脉压于肱骨上。

5. 手掌和手背出血。将患肢抬高，用两手拇指分别压迫手腕部的尺动脉和桡动脉。

6. 手指出血。用健侧的手指，使劲捏住伤手的手指根部两侧，即可止血。

7. 大腿出血。屈起伤侧大腿，使肌肉放松，用大拇指压住股动脉（在大腿根部的腹股沟中点下方），用力向后压。为增强压力，另一手可重叠施压。

8. 足部出血。在内外踝连线中点前外上方和内踝后上方摸到胫前动脉和胫后动脉，用手指紧紧压住可止血。

加压包扎止血法是指用消毒的纱布、棉花做成软垫放在伤口上，再用力加以包扎，以增大压力达到止血的目的。此法应用普遍，效果也佳，但要注意加压时间不能过长。

屈肢加垫止血法是指当前臂或小腿出血时，可在肘窝、腋窝内放纱布垫、棉花团或毛巾、衣服等物品，屈曲关节固定。但骨折或关节脱位者不能使用。

填塞止血法是指将消毒的纱布、棉垫、急救包填塞压迫在创口内，外用绷带包扎，松紧度以达到止血目的为宜。

止血带止血法是用于四肢大出血急救时简单、有效的止血方法，止血带是通过压迫血管阻断血行来达到止血目的，以橡皮条或橡皮管为好，不宜用无弹性的带子。橡皮止血带的止血方法是：掌心向上，止血带一端由虎口拿住，一手拉紧，绕肢体2圈，中、食两指将止血带的末端夹住，顺着肢体用力拉下，压住"余头"，以免滑脱。

注意使用止血带止血前，先要用毛巾或其他布片、棉絮作垫，止血带不要直接扎在皮肤上；紧急时，可将裤脚或袖口卷起，止血带扎在其上。每隔60分钟放松止血带3～5分钟，放松时慢慢用指压法代替。用止血带止血的伤员应尽快送医院处置，防止出血处远端的肢体因缺血而导致坏死。使用止血带时应注意止血带应放在伤口的近心端，上臂和大腿都应绷在上三分之一的部位。上臂的中三分之一禁止上止血带，以免压迫神经而引起上肢麻痹。止血带要扎得松紧合适，过紧易损伤神经，过松则不能达到止血的目的，一般以不能摸到远端动脉搏动或出血停止为度。

第三节　伤员包扎方法

包扎是对震后外伤伤员进行现场应急处理的重要措施之一。及时正确的包扎，可以达到压迫止血、减少感染、保护伤口、减少疼痛，以及固定敷料和夹板等目的。相反，错误的包扎可导致出血增加、加重感染，造成新的伤害、遗留后遗症等不良后果。

包扎伤口应了解有无内在损伤，在外伤急救现场，不能只顾包扎表面看得到的伤口而忽略其他内在的损伤。

同样是肢体上的伤口，有没有骨折，其包扎的方法就有所不同，有骨折时，包扎应考虑到骨折部位的正确固定；同样是躯体上的伤口，如果发现内部脏器的损伤，如肝破裂、腹腔内出血、血胸等，则应优先考虑内脏损伤的救治，不能在表面伤口的包扎上耽误时间；同样是头部的伤口，如颅脑损伤，不是简单的包扎止血就完事了，还需要加强监护。对于头部受砸打的伤员，即使自觉良好，也需观察 24 小时。如出现头胀、头痛加重，甚至恶心、呕吐，则表明存在颅内损伤，需要紧急救治。

因此，在对伤者明显可见的伤口进行包扎之前，一定要了解有没有其他部位的损伤，特别要注意是否存在比较隐蔽的内脏损伤。在有出血的情况下，外伤包扎的实施必须以止血为前提。如不及时给予止血，则可能造成严重失血、休克，甚至危及生命。针对动脉出血和静脉出血的不同情况，采取指压止血法和止血带止血法等临

时措施进行临时止血处理，然后送往医疗点或是等待救护人员前来救治。

包扎材料以绷带、三角巾最为多见。在现场急救时，如没有专用的绷带和三角巾，可将衣物、床单、手巾等物撕成布条来代替绷带，也可将衣物、床单裁成三角巾。绷带包扎一般用于固定肢体、关节，或固定敷料、夹板等；三角巾包扎主要用于包扎、悬吊受伤肢体等。

绷带的包扎方法有环形法、螺旋形法、螺旋反折法、蛇形法、8字形法和回返法几种。

1. 环形法：通常用于包扎手腕部及粗细大致相等的部位，如胸部、腹部。将绷带做环形重叠缠绕，第一圈做环绕时稍呈斜形，第二圈、第三圈以环形缠绕压住第一圈，在绷带末端剪出两个布条，对绕肢体后打结。

2. 螺旋形法：适用于前臂、手指、躯干等处。多用于粗细大致相等且大面积受伤的肢体的包扎。使绷带螺旋向上，每圈应压在前一圈的1/2处。

3. 螺旋反折法：多用于前臂、大小腿。由下而上，先做螺旋状缠绕，待到渐粗的地方，每圈把绷带反折一下，盖住前一圈的1/3～2/3处。

4. 蛇形法：多用于夹板之间的固定。将绷带环形缠绕数圈后，以一定间隔斜行缠绕，在末端按环形缠绕后打结。

5. "8字形"法：多用于肩、髋、膝、髁等处的包扎。本包扎法是将绷带一圈向上，再一圈向下，每圈在正面和前一圈相交叉，并压盖在前一圈的1/2处。

6. 回返法：该法多用于头和断肢端。用绷带多次来回反折。第一圈常从中央开始，接着各圈一左一右进行缠绕，直至将伤口全部包住，用环形缠绕将所反折的各端包扎固定。

三角巾主要根据包扎部位的不同而采用不同的包扎方法。

1. 面部包扎法：在三角巾的顶角打一个结，然后把顶角放在头顶部，三角巾的中心部分包住面部，在耳、眼、鼻及嘴的地方剪洞，把左右底角拉到颈后交叉，再绕到前额打结。

2. 头部包扎法：将三角巾底边的正中点放在前额，两底角绕到脑后，交叉后经耳绕到额部拉紧打结，最后将顶角嵌入底边，向上反折后打结固定。

3. 腹部包扎法：将三角巾底边横放于上腹部，两底角拉向后方紧贴腰部打结，顶角朝下，在顶角处接一小带，将顶角从两腿之间拉向臀部，与在腰部打结后的底角再打结固定。

4. 手部包扎法：将手掌放于三角巾中央，顶角折回盖于手背上，两底角左右包绕手背呈交叉状，并将顶角反折于交叉处，然后两底角再回绕腕部一周压住顶角打结。

5. 足部包扎法：将脚放于三角巾中央，提起顶角折回盖于足背上，将一侧底角提起折向足的另一侧，绕踝关节一周与顶角打结，然后提起另一侧底角绕踝关节一周，再与另一底角打结。

除了掌握绷带、三角巾的包扎使用方法外，了解一些特别伤口的包扎方法和包扎禁忌，对于挽救震后伤员的生命，防止错误包扎导致伤口感染和肢体坏死的情况发生，有着很现实的意义。

腹部伤包扎时，可以用湿润布条润湿病人嘴唇和舌部，会使病人感觉好受许多；如果伤员肠子流出腹腔，要保护好，并保持润湿。不要企图把它复位，这会为营救后的手术带来麻烦。如果没有内脏器官外露，应将伤口清洗包扎好。腹部内脏发生溢出，包扎时伤员应取仰卧位，屈曲下肢，使腹部放松，以降低腹腔内的压力。先盖上干净的敷料保护好脱出的内脏，再用厚敷料或宽腰带围在脱出的内脏周围（也可用干净的碗罩住），然后进行包扎。

如果胸腔受伤穿孔形成开放性气胸，吸气时胸腔扩展，空气会进入伤口，引发肺功能衰竭，这是胸部伤引起的最大危险之一。这时应及时用手掌捂住伤口，阻止吸气时空气进入，应尽快封闭胸壁创口，使开放性气胸变为闭合性气胸。让伤员仰卧，头和肩膀倾向受伤的一边。用多层纱布或棉花做垫，用绷带加压包扎；或者利用塑料片或铝箔堵塞伤口，用三角巾包扎好。

头部受伤很可能会伤及脑部，伤口也可能会影响正常呼吸和饮食。要确保舌根不会抵住喉管，使得呼吸通畅，必须除去假牙或已脱落的碎牙，控制住流血。清醒病人可以坐卧。昏迷病人如果颈部和脊椎无伤，必须按照恢复位侧卧。如果脑组织发生膨出，则要用无菌纱布覆盖膨出的脑组织，然后用纱布折成圆圈放在脑组织周围（也可用干净的瓷碗扣住），以三角巾或绷带轻轻包扎固定。

另外，在包扎伤口时要特别注意，要使用干净无污染的布料进行包扎；动作要迅速准确，不能加重伤员的疼痛、出血或伤口污染；包扎不宜太紧或太松，太紧会影响血液循环，太松会使敷料脱落或移动；包扎四肢时，指（趾）端最好暴露在外面，以便观察血液流通情况；用三角巾包扎时，角要拉紧，包扎要贴实，打结要牢固；打结处不要位于伤口上或背部，以免加重疼痛。

第四节　搬运伤员方法

地震后从废墟中扒救出的被埋压者，伤员特别是重伤员较多。特别是被埋压时间较长的群众，即使没有受伤或者是轻伤，由于较长时间断粮、断水和极其恶劣的生活环境的煎熬，身体极为虚弱，扒救出后必须立即紧急救护与治疗，这是扒救成功的一个极为重要的措施，也是生命延续与恢复健康的重要保障。扒救出的群众如果有伤，在紧急救护的同时，必须搬运到安全地带或直接去医疗部门，继续救治。为了更安全地搬运，扒救出之后应当及时查清伤情、伤病的种类，针对具体情况，采取相应的搬运方法。

由于空间的限制和搬运工具的有限性，对震后伤员的搬运有徒手搬运和器械搬运两种。在将伤员搬运到担架等器械搬运工具上时，也必须遵循一定的原则和方法。另外，对特殊伤员进行搬运的时候，应该根据其受伤情况使用合适的搬运方法。

一、徒手搬运伤员

徒手搬运的正确方法是指在搬运伤员的过程中仅凭人力而不使用任何器具的一种搬运方法。该方法适用于通道狭窄等担架或其他简易搬运工具无法通过的地方，但骨折伤员不宜采用。主要的方法有以下几种：

1. 搀扶。适用于病情较轻、能够站立行走的伤员。由一个或两个救助者托住伤员的腋下，也可由伤员将手臂搭在救助者肩上，救助者用一手拉住伤员的手腕，另一手扶伤员的腰部，然后与伤员一起缓慢移步。

2. 背驮。适用于搬运清醒且体重轻、可站立，但不能自行行走的伤员。救助者背对伤员蹲下，然后将伤员上肢拉向自己胸前，用双臂托住伤员的大腿，双手握紧腰带。救助者站直后上身略向前倾斜行走（注意：呼吸困难的伤员，如哮喘以及胸部创伤的伤员不宜用此法）。

图 6-2　搀扶受伤者　　　　图 6-3　救灾官兵背运受灾群众

3. 抱持。多适用于单名救助者实施搬运。将伤员的双臂搭在自己肩上，然后一手抱住伤员的背部，另一手托起腿部。

图6-4　救灾官兵抱持伤员上直升机

4. 双人搭椅。适用于意识清醒并能配合救助者的伤员。由两个救助者对立于伤员两侧，然后两人弯腰，各以一只手伸入伤员大腿后下方呈十字交叉紧握，另一只手彼此交叉支持伤员背部。或者救助者右手紧握自己的左手手腕，左手紧握另一救助者的右手手腕，以形成口字形。这两种不同的搬运方法，都因形状类似于椅状而得名。此法的要点是两人的手必须握紧，移动步子时必须协调一致，且伤员的双臂必须分别搭在两个救助者的肩上。

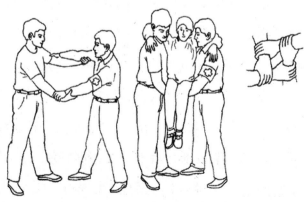

图6-5　双人搭椅搬运伤员示意图

5. 拉车式。适用于搬运没有骨折的伤员，需两名救助者。一个救助者站在伤员后面，两手从伤员腋下将其头背抱在自己怀内，另一救助者蹲在伤员两腿中间，双臂夹住伤员的两腿，然后两人步调一致，慢慢将伤员抬起。

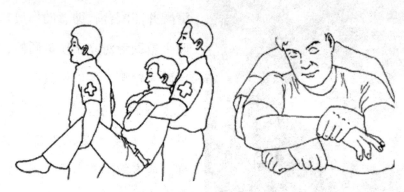

图 6-6　拉车式搬运伤员示意图

二、使用器械搬运伤员

器械搬运是指用担架（包括软担架）等现代搬运器械，或者因陋就简，利用床单、被褥、靠背椅等作为搬运工具的一种搬运方法。在使用器械搬运伤员时也有一些必须注意的事项：

1. 担架搬运。此法是现场急救最常用的搬运方法。

保持伤员足部向前、头部向后，以便在后面抬担架的人观察伤员。将伤员抬上担架后必须扣好安全带，以防止翻落或跌落。向高处抬时，前面人要将担架放低，后面人要抬高，使伤员保持水平状态；向低处抬时则相反。担架上车后应予以固定，伤员头部位置应与车辆前进的方向相反，以免晕厥，加重病情。

2. 床单、被褥搬运。遇有窄梯、狭道，担架或其他搬运工具难以搬运，或遇寒冷天气，徒手搬运会使伤员受凉，这时可采

图 6-7　救灾官兵运送重伤员上飞机

用此法。取一条结实的被单（被褥、毛毯也可），平铺在床上或地上，将伤员轻轻地搬到被单上。救助者面对面紧抓被单两角，脚前头后缓慢移动，搬运时有人托腰则更好。这种搬运方式容易造成伤员肢体弯曲，故有胸部创伤、四肢骨折、脊柱损伤以及呼吸困难的伤员不宜用此法。

3. 椅子搬运。楼梯比较狭窄或陡直时，可用牢固的靠背椅作为工具搬运伤员。伤员采用坐位，并用宽带将其固定在椅背上。两个救助者一人抓住椅背，另一人紧握椅脚，然后以 45 度角向椅背方向倾斜，缓慢地移动脚步。失去知觉的伤员不宜用此法。

三、特殊伤员的搬运

在对特殊伤员的搬运过程中应采用以下正确方法。

1. 脊柱、脊髓损伤伤员的搬运。遇有脊柱、脊髓损伤伤员和怀疑颈椎、腰椎损伤的伤员时，不可随意搬运或扭曲其脊柱。应多人

用手臂共同将其平行搬运至水平木板上，注意必须托住颈、腰、臀和双下肢。

2. 颅脑损伤伤员的搬运。颅脑损伤者常有脑组织暴露和呼吸道不畅等表现。搬运时应使伤员取半仰卧位或侧卧位，使呼吸道保持通畅。颅脑损伤常合并颈椎损伤，搬运时须注意保护其颈椎。

3. 腹部伤伤员的搬运。伤员取仰卧位，下肢屈曲，防止腹腔脏器受压而脱出。此类伤员宜用担架或木板搬运。

4. 胸部伤伤员的搬运。胸部受伤者常伴有开放性血气胸，需进行包扎，以坐椅式搬运为宜，伤员取坐位或半卧位。有条件者最好用坐式担架、靠背椅或将担架调整至靠背状。

5. 昏迷伤员的搬运。伤员取平卧位，垫高背部，头稍后仰，如有呕吐，须将其头朝向一侧，或采用脚高头低位，搬运时用普通担架即可。

6. 呼吸困难伤员的搬运。伤员取坐位，不能背驮。用软担架（床单、被褥）搬运时，注意不能使伤员躯干屈曲。如有条件，最好用折叠担架（或椅）搬运。

四、伤员搬运的注意事项

如果现场有再次发生伤害的危险，如可能发生余震、存在有毒气体泄露的情况等，需要立即将伤员搬运至远离事发点的安全区域。在现场较安全时，需对伤员进行止血、包扎、固定等处理。

救助者在器材未准备妥当时，切忌搬运伤员，尤其是搬运体重过重或神志不清者。否则，途中可能发生滚落、摔伤等意外。

在搬运过程中要随时观察伤员的状态，如面色、呼吸等。搬运时尽量避免碰到伤口，以减少感染。在车载搬运过程中，应使伤员的脚朝车行方向，头朝车行的相反方向。

第五节　现场心理救援

受灾群众在被救出后，往往由于受到巨大的刺激而情绪波动剧烈，可能出现急性的心理应激反应，包括不同程度的认知功能障碍、情绪失控和行为问题，如不能及时、有效地加以处理，有可能进一步形成慢性心理应激障碍（如创伤后应激障碍），将会严重影响受灾群众的心理健康。因此，除了对地震伤员进行身体上的急救护理外，还应根据伤员的心理状况对需要进行紧急救援的人员进行及时辅导。

急救现场对地震伤员的心理救援工作是在紧急状况下进行的，其最主要的目的在于尽快稳定受灾群众的心理，减少严重心理问题的发生及其对救灾工作的影响，为群众灾后心理健康的尽快恢复打下基础。主要内容包括如下几个方面：

1. 降低受灾群众的恐惧心理。由于生命安全受到威胁和缺少必要的信息支持，受灾群众通常会有恐惧心理。个体的心理恐惧会导致情绪失控和非理智行为的产生，灾区谣言的传播则会推动群体心理恐惧的发展。因此，除了积极的救援外，要利用各种有效的手段迅速发布有关灾情的权威信息，以阻止相关谣言的传播，降低受灾群众心理恐慌的程度，稳定受灾群众的心理。

2. 消除受灾群众的孤独感。地震导致很多受灾群众孤单地滞留在生命安全受到威胁的境况下，他们与亲人失去了联系，与外界失去了接触，其社会支持系统遭到彻底的破坏。救援人员要利用与受灾群众直接接触的机会，向他们传达人们对他们的关怀和支持，使他们感到自己不是唯一的受灾者，鼓励他们和所有受灾者一起克服和战胜困难。

3. 给受灾群众以希望。希望是人类所有情绪中最重要的一个。灾区的群众看到满目疮痍，可能会感到希望非常渺茫，因而产生严重的无助感和绝望情绪。对于这种情况，引导受灾群众看到希望，能够坚定他们战胜地震灾害的信念，形成乐观的态度和发展对自己命运的控制感，以积极的心态等待进一步的救援。

4. 鼓励受灾群体相互支持。"同是天涯沦落人"，受灾群众在语言、文化习俗和受灾程度上的共同性，使他们不仅能够进行有效的沟通和交流，而且可以产生强烈的心理认同感，从而促进他们之间的相互支持，增强共渡难关的信心。将熟识、受灾程度相似的受灾群众组织在一起，给予适当的个别和集体指导，是现场心理救援的有效措施之一。

5. 建立现场心理救援所。对严重认知功能障碍、情绪和行为失控的受灾群众，应创造条件，将他们转移到现场心理救援所或类似的机构，给予相应的专业处理，进行集体和个别心理危机干预，必要时可以使用镇静药物，使他们渡过心理难关。在条件允许时，要把出现严重急性心理应激的受灾群众转移到后方，接受强化干预和治疗。

救援者在对灾区群众进行心理援助的时候，应该注意一定要满足他们基本的食物及避难场所的需要以及一些紧急医疗救护，最好能够不断提供关于如何简单、准确地取得这些资源的信息；对愿意分享他们的故事和情感的生还者，一定要聆听；一定要友好和富有同情心，即使他们很难相处；一定要给他们提供关于灾难、损失和救援努力的准确信息，这有助于他们了解目前的情况；尽量帮助他们联系朋友及亲人，找到亲人后，尽量让一家人待在一起；尽量给他们切实可行的建议，使他们可以帮助自己；告诉他们目前所提供救援服务的种类及所在位置，引导他们得到可以获得的帮助。

同时，救援者在心理援助的时候一定不要强迫生还者向你诉说他们的经历，尤其是涉及隐私的细节；一定不要只给简单的安慰，比如："一切都会好起来的"或者"至少你还活着"等；一定不要告诉他们你个人认为他们现在应该怎么感受、怎么想和如何去做，以及之前他们应该怎么做；一定不要空许诺言；一定不要在需要这些服务的人们面前抱怨现有的服务或是救助活动。

为了使地震所造成的心理影响降低到最低限度，要对受到高度惊吓的人员实施实时专人看护，避免在余震及其他时间里，出现突

地震自救与互救

发性自伤或伤及他人的行为；要尽快帮助受惊吓人员恢复心理平衡与动力，通过拥抱、抚摸、轻拍、亲吻等动作，使他们获得生理心理上的安全感，缓解乃至稳定由危机引发的强烈的恐惧、震惊或悲伤的情绪，逐渐恢复心理平衡状态；要尽量制造温馨的环境，为受到惊吓者创造充分放松、哀悼和倾诉的机会，让他们吐露自己对地震事件的内心感受，给予他们情感上的理解与支持。

第七章
自救互救的长期性

在地震发生后比较短的时间里，人民群众通过自救和互救尽量保存了生命和减小了损失，但地震造成的伤害是持久的。因此震后的自救和互救活动就也具有其长期性。震后的生活中依然有身体和心理的长期康复，疾病和疫情的预防与治疗，这些都需要人们在心里有自救和互救的意识才能最终实现。

第一节　自救互救需继续

强烈地震发生后，由于房屋大量倒塌，为了防震和解决震后居住问题，就需要设置灾区群众安置点，并大批搭建防震棚。建造防震棚要因地制宜，既能防震，又经济适用，简便易行。根据不同的位置，北方寒冷地区建造防震棚多采取半地下式，而潮湿多雨的地区要相对地建在高处。选择建造防震棚的场地要布局合理，不要建在危楼、烟囱、水塔、高压线等危险地带；要避开悬崖、陡坎、河流以及山区的河滩；不要建在阻碍交通的路口及公共场所；要便于消防工作、便于管理，留好防火通道。

大量灾区群众在防震棚和其他简易棚屋里生活，这些临时居所几乎没有消防设施，如何采取有效措施防火就成为一个必须考虑的问题。灾区群众应当采取有效的具体措施防止震后火灾的发生，不要把易燃易爆物存放在防震棚中；不要在棚内乱接乱拉电线和使用大功率电器；不要在棚内吸烟，室外吸烟后不能乱扔烟头；尽量不使用油灯、蜡烛照明和点蚊香，需用时，须放在盛有沙土的铁盆内或铁桶内，夜间照明最好用手电筒；不要在棚内用液化气、明火做饭；保证安全通道和出口畅通；发生火险时要迅速扑灭并马上报警。

地震发生后，除了应警惕火灾隐患外，还应注意防止其他次生灾害发生。对易燃、易爆、剧毒品要严密监视，一旦发现剧毒品或易燃气体溢出，应立即组织抢救。要严密注视大型水库、堤坝的安全，遇有险情要组织力量抢救，同时将受灾群众迅速向安全地带转移。如果大地震发生在山区，遇到山崩塌方堵塞河道的情况，要立即组织人员疏通；受灾群众要远离悬崖陡壁，以免山崩塌方时受伤；还应离开大水渠、河堤两岸，这些地方容易发生较大的地滑或塌陷。

无论何种情况下疏散人员都要有秩序地进行组织。人员疏散时，要避开高楼房、烟囱、高门脸、高围墙等，更不要在狭窄的胡同中停留。要避开高压电线、变压器，以防电杆或电线震断触电伤人。

震后灾区群众除了要注意防震棚、帐篷的防震、防火、防暑、防寒、防洪等安全工作外，还要特别注意搞好个人卫生、饮食卫生和环境卫生以及饮水清洁消毒和使用杀虫剂的方法，注意预防感冒、肠道传染病、蚊虫传染病、食物中毒、中暑、冻伤等疾病。

灾区群众要注意防暑、防寒。夏季可在防震棚上遮阴，加强棚内空气对流，中午在防震棚周围洒水降温等，预防中暑。冬季要在进出口搭建挡风墙，在防震棚的四壁涂泥，防止透风。棚内要搭安全坚固的取暖设施，防止发生感冒和冻伤。

灾区群众必须搞好临时环境卫生，震后管理好粪便是群众生活中的突出问题。灾区群众应该选择合适的地点，利用就便材料修建应急公共厕所，要求做到坑深、口窄、加盖，四周挖排水沟，外围草帘，并组织清洁队按时清掏，运到指定地点统一处理。灾区群众还应选择固定地点堆放垃圾，建立专门的污水坑，要定期喷洒杀虫剂，所有人都要自觉遵守震区卫生公约。

灾区群众要注意饮食卫生安全，要把好"病从口入"关，食品要检验合格才可以食用，餐具要注意消毒。要注意饮用水安全，强烈地震后供水系统遭到严重破坏，供水中断，城乡水井井壁坍塌，井管断裂或错开、淤沙，地表水受粪便、污水以及腐烂尸体严重污染。解决供水问题首先要找到水源，其次是进行水质检验，确定能否饮用，第三是对不适饮用的水进行洁治，第四是采用合适的供水方式。

第二节　震后身体康复

地震过后，面对满目疮痍的一片废墟，我们要考虑重建家园；同时，对于地震中受伤的人员，其伤处的愈合和功能的恢复则是最重要的。为了使震后的伤员能够尽快、尽好地恢复健康，为了使震后的伤员能够尽量过上高质量的生活，伤员自身要加强康复训练，其他人则应该学会对其进行护理。为了保证伤员的身体康复，应该做到这几方面的事情：科学合理的膳食搭配、精心的护理与心理支持、针对性的功能锻炼。

一、科学合理的膳食搭配

震后伤员身体在恢复过程中，需要补充足量的营养，科学合理的膳食搭配能够减轻伤员的痛苦，促进伤处的愈合和功能的恢复。尤其是地震中的伤员很大一部分都是骨折伤员，骨折伤员的康复是震后伤员的身体康复中相当重要的一部分。

俗话说"伤筋动骨一百天"，与其他疾病相比，骨折愈合是一个漫长的过程，此时除了休养之外还要做好饮食调配，以减轻痛苦，促进骨折愈合。如果饮食调节不好，营养跟不上，不仅影响病人对骨折、软组织损伤的耐受力，而且还会影响骨骼和伤口的愈合及病体的康复，故要在饮食上多下工夫。

骨折伤员需要吃些易消化、富有营养、清淡的食物；宜采用高热量、高蛋白、高维生素的饮食，要多食用些动物的肝、肚、鸡、蛋、鱼、虾、牛奶及豆制品，并且适当多吃一些西红柿、苋菜、青菜、萝卜等维生素含量丰富的蔬菜，以及各种新鲜水果等，做到营养补充全面，以促进骨痂生长和伤口愈合。

骨折后坚持合理的饮食，食用高钙、富含蛋白质、维生素的食物，增加钙的吸收利用、充足的蛋白质和维生素，能满足机体需要，有利于骨的修复，进而有效缩短骨折愈合的过程。饮食中也要注意忌盲目补充钙质、忌多吃肉与喝骨头汤、忌偏食、忌不易消化食物、忌少饮水、忌过多食用白糖。

二、精心的护理和心理支持

震后伤员在身体和精神上都受到严重伤害和打击。伤员行动不便，严重者甚至生活不能自理，故应对伤员做好口腔卫生护理和皮肤护理。帮助伤员勤漱口，伤员口唇干裂时要涂甘油予以保护。对

长时间卧床、特别是对石膏固定和截瘫的病人，应保持其皮肤清洁、干燥，床单需要平整无皱折。截瘫的病人应每两小时翻身一次，并用50%的红花酒精或滑石粉按摩其受压部位，以预防褥疮的发生。

要对伤员做好心理治疗，关心安慰伤员，减轻其痛苦，增强其战胜病痛的信心。老年患者、体质较弱或心理承受能力差的人更应该加强对其的心理疏导。

三、上肢骨折伤员的康复

伤员应加强功能锻炼，一方面防止伤处的功能性萎缩，一方面可以加快恢复的进度。当然了，所有的锻炼活动都要在不影响伤处愈合的情况下进行。活动量由小到大逐渐进行，切忌急躁。

上肢骨折的伤员，很多人都是石膏夹板一打，就躺着休息，认为静养是很好的方式。其实，在进行固定处理后的第二天就应该进行康复训练，尤其是生活在农村的劳动者，由于习惯了经常劳动，突然停下来，反而会导致更坏的结果。对于手臂受伤者来说，第一项要做的康复运动是有氧运动，比如慢跑。如果不能跑，那么就快走或走跑结合。这样可以有效地促进全身的血液循环，让受伤的部位得到更好的营养，同时代谢下来的废物也能及时地清理出体外。另外，除了受伤肢体需要暂时固定不能进行剧烈活动外，身体的其他部位可以进行有效的力量锻炼，比如仰卧起坐、转腰、蹲起等。

针对受伤的肢体，在不影响固定的前提下，可以进行适当的活动锻炼，比如攥拳、绕手腕、前臂屈伸、耸肩等。这些动作都会很好地促进伤口愈合。双手也可以随意放置，只要把五个手指尽量张开、向后用力即可，每次坚持3~5分钟，每天做5~6次。具体来说，康复过程如下：

1. 手术后0~4周：进行未受累指、腕、肘和肩的被动活动；抬高患肢以减轻水肿，保护骨折部位（夹板石膏固定），保持关节功能位；预防掌指关节、指间关节挛缩和僵硬，预防畸形，维持手的功能位。

2. 手术后4~6周：减轻肌腱与周围组织的粘连；分别做指深、指浅屈肌腱的运动，改善掌指关节和指间关节功能；进行主动活动训练，以恢复手指的灵活性和协调性；物理治疗，可以采用微波、热疗、频谱等治疗。

3. 手术后6~7周：拆除外固定；在不影响骨折愈合及不致疼痛的情况下，早期主动运动；屈曲掌指关节和指间关节，以获得良好的抓捏能力，提高手指伸展能力；增加手指灵活性，改善手的功能。

4. 手术后7~12周：强化肌力、进行渐进性抗阻力运动，增加肌腱的滑动性；双手协调性训练，矫正关节挛缩，也可用矫形支架进行被动锻炼。

5. 手术12周后：利用不同握法和握力进行功能锻炼，以帮助患者恢复动态工作能力。

四、大腿骨折伤员的康复

大腿骨折是一个非常大的损伤，由于大腿的特殊构造和位置，骨折后会相对难以处理。因为大腿的力量比较大，固定的难度很大，固定的时间会比较长，固定的强度也大，对整个下肢的活动都会有严重的影响。所以大腿的骨折后的康复就更为重要了。过早进行锻炼，很容易导致二次骨折；而如果不尽快开展康复锻炼，那么大腿肌肉会由于长时间的固定而发生萎缩，进而对身体健康造成另外的损伤。

大腿骨折后首先应接受医生的固定及治疗。另外，要及时、尽快地开始康复锻炼，防止肌肉萎缩和机能退化。尤其是机能退化，会引起更麻烦的健康问题。

在固定期间，下肢可以进行踝关节的屈伸、旋转、绕环等活动，小腿的绷紧—放松练习；随着骨骼的愈合，要逐渐开始进行膝关节的不负重屈伸锻炼、髋关节的屈伸及内收外展锻炼。如果只是单腿骨折，那么另外一腿可以进行全面的活动，比如仰卧着进行模拟单腿蹬自行车的练习，或者用手拿住橡皮筋的两端，把中间套在脚底，然后做蹬腿的动作。

在良好复位与固定的基础上，功能锻炼越早越好。功能锻炼可以促进血液循环，减少肌肉萎缩，消除软组织肿胀，防止骨质疏松，加速骨折愈合。具体来说，骨伤的功能锻炼可分早、中、后三个时期进行。

1. 早期锻炼的主要形式是肌肉有节奏的收缩和放松。上肢可握拳、悬臂、提肩，使整个上肢肌肉收缩，再放松。下肢可使踝关节背屈，股四头肌收缩，使整个下肢用力，然后再放松，一步一步地逐渐进行。早期不做关节活动锻炼。

2. 中期时局部肿痛消失，骨折端因已有纤维性愈合，骨痂逐渐增加，较稳定，在夹板包下不易变位。除继续肌肉收缩锻炼外，还可做一些主动的关节屈伸活动，由一个到多个关节逐渐增加，下肢骨折患者可扶床行走，伤肢逐渐负重。

3. 后期可做一些力所能及的工作，使各个关节得到全面锻炼。下肢患者可以在扶着拐杖的保护下逐渐负重行走，直至骨折愈合牢固。注意应尽量防止不利于骨折愈合的活动，如外展型肱骨的外展活动、内收型的内收活动、前臂骨折的旋转活动等都应予避免。

五、脑外伤伤员的康复

脑外伤病人较容易发生智能障碍后遗症，应注意尽早开始各种机能训练和康复治疗护理。要加强日常生活、个人卫生、饮食、睡眠等基础护理和培训。尤其对生活不能自理者，要进行生活习惯训练，防止精神状态继续衰退。病人只要不是严重痴呆，应定时引导其排便，养成规律排便习惯。

肢体按摩应从远端关节开始，按肢体正常功能方向进行，先行被动运动。若因疼痛病人不愿活动，此时应安慰鼓励并稍加强制。活动从短时间小运动量开始，逐步增量，应鼓励尽早恢复自主活动。

对失语病人，坚持由易到难、循序渐进、反复练习、持之以恒的原则。先从病人受损最轻的言语功能着手，如运用身体语言、眼神、手势等进行交流，然后再用具体物品、单字、单词、短句进行训练。言语训练时，发音练习要尽早开始，智能训练和作业训练也应尽早进行。

第三节　震后心理康复

地震不仅带来肉体的伤痛，更在精神上折磨着劫后余生的人们。一般来讲，地震造成的心理创伤会对受害者产生持久性的应激效应，长期影响他们的身心健康。尤其是目睹亲人震亡者，会有更深层次的应激性障碍。许多受灾群众在地震后都呈现不同程度的心理问题，他们无法摆脱地震造成的心理阴影，例如噩梦连连，"闭上眼睛，就是房屋倒塌情景。"或者是成天都头晕，眼前所有的东西都在晃动，双腿无力。

面对突如其来的灾难，人在没有任何心理准备的情况下遭受打击，目睹死亡和毁灭，会造成焦虑、紧张、恐惧等急性心理创伤，甚至留下无法弥补的长久心理伤害。尤其是地震发生中失去亲人的灾区群众，失去亲人会使他们产生高度的情感失落，包括悲哀、愤怒（怨恨逝者弃己而去，或埋怨自己在某些方面的过失）、愧疚、自责、焦虑、疲倦、无助感、孤独感、惊吓、苦苦思念。在哀痛之余，很多人还会梦魇和自责，想象原本可以把亲人救出来，然后把亲人的死亡当成自己的过错。情况比较严重的，可能会出现自杀这样的极端行为。

有的学者认为地震后人们产生的心理问题可以分为三种类型，一是过去患有某种疾病，地震的发生导致旧病复发；一是由于经历地震的人自身年迈体弱，各种生理机能衰退，地震导致其心情紧张，有恐惧感，诱发出头晕、恶心、心脏病等疾病；一是纯粹由于地震带给经历者的震惊和创痛，使其产生焦虑、抑郁、失眠、恐惧等症状。

无论是何种情况，震后对经历过地震的人员进行心理危机干预都是有必要的，尤其是对那些心理受到巨大伤害的人们。通过心理危机干预来安抚生还者的情绪，让他们明白是地震夺去了他们的亲人，而不是他们的错。帮助地震亲历者最大限度地利用积极应对技能，面对和走出可能的心理阴影。

心理危机干预指对处在心理危机状态下的个人采取明确有效的措施，使之最终战胜危机，重新适应生活。心理危机干预要达到的目的是让受干预者避免自伤或伤及他人，同时恢复其心理平衡与继续正常生活的动力。

为了进行有效的危机心理干预，必须了解人们在危机状态下有哪些心理需要。在地震期间，人们会更关心个人基本的生存问题，如环境是否安全、健康是否有保障等；会担心自己及所关心的人；

会表现惊慌、无助、逃避、退化、恐惧等行为；想吐露自己对地震突发事件的内心感受；渴望生活能够尽快安定，恢复到正常状态；希望得到他人情感的理解与支持等。这些心理需要为危机心理干预提供了依据。

有效的危机干预就是帮助人们重新获得生理心理上的安全感，缓解乃至稳定由危机引发的强烈的恐惧、震惊或悲伤的情绪，恢复心理的平衡状态，帮助他们对自己近期的生活进行调整，并学习到应对危机有效的策略与健康的行为，增进心理健康。危机干预的时间一般在危机发生后的数个小时、数天，或是数星期。危机心理发展有特殊的规律，需要使用立即性、灵活性、方便性、短期性的咨询策略来协助人们适应与渡过危机，尽快恢复正常功能。

心理危机干预一般由专业的危机干预团队来进行，作为被干预的对象，个人也应该积极主动配合，才能让自己早日走出心理阴影，重回正常生活。个人要注意面对突发的地震灾难，大胆说出自己的恐慌，说出自己的想法，通过交流来减轻内心的不安。坦然面对和承认自己的心理感受，不必刻意强迫自己抵制或否认在面对灾害和突发事件时产生的害怕、担忧、惊慌和无助等心理体验，尽量保持平和的心态。切不可以烟酒来排遣压力，更不可有发怒等不良情绪出现。

同时，个人在进行自我心理调节的时候，可以进行一些让自己放松的活动，如听音乐，看小说，写日记，收拾家务等让自己感兴趣的一些小事情，转移自己的情绪，并保持良好的睡眠。生还者应该早日坚强起来，学会适应地震后的新环境，扮演一个以前所不习惯的新角色，并掌握以前不具备的一些生活技巧，从而适应新的环境。如果不能认识到环境已经改变，从而重新界定生命的目标，就容易长期陷入痛苦中不能自拔，对健康是极不利的。

对于经历地震的老人或小孩，震后可能会出现一些易怒、兴奋、不安、絮叨，甚至联想到以前的一些负性事件等现象，这时，家人要尽量理解，最好能够在一起，以增强相互的依赖和安全感。要充分尊重他们的情绪反应，使他们感受到被重视和信任，从而充满自豪与信心，以降低不良情绪的影响概率，用自己的信心去鼓励和激发他们战胜心理阴影。

从更远的意义上看，灾后心理康复的目的不仅在于预防和治疗受灾群众的心理障碍，而且在于通过心理健康教育，促使受灾群众的心理成长。地震可以震垮建筑，甚至会夺取人的生命，但是地震震不垮人们坚强的意志，这是震后进行心理康复救助的终极目的。为了实现这个目的，政府部门应该在灾后尽快建立或重建灾区的精神卫生服务系统，开展广泛的心理健康教育，针对受灾群众的常见心理问题，组织对基层医务人员的强化培训，使心理疾病的患者能够得到及时有效的处理，帮助他们摆脱阴影，重塑生活的勇气。

作为经历地震的受灾群众，除了要积极进行心理自救外，重点就是要参与到社会组织的心理救援计划中来。加入集体的心才不会孤单，心灵有了归属感才会珍惜活着的日子，好好活本身就是一件最有意义的事情；而不应该让自己消沉，让自己脱离社会，甚至走上自杀这样的不归路。

第四节　震后远离病疫

人们常会误解地震灾害与传染病之间的关系，地震发生以后，由于大量房屋倒塌，下水道堵塞，造成垃圾遍地，污水流溢；再加上畜禽尸体腐烂变臭，极易引发一些传染病并迅速蔓延。人们从尸体联想到传染病，从而引发恐惧并认为"大灾之后必有大疫"，然而，这种认识是错误的。

灾后病疫的暴发风险主要与是否有安全的水源和卫生设施、人群密度、人群自身的健康状况以及是否有医疗服务等相关，与当地的疫病生态相互作用，并最终影响传播性疾病暴发风险的大小以及感染人群的死亡率。因此，做好灾后病疫预防工作非常重要，灾区群众在进行身体和心理康复的同时，也要在病疫预防上做足"自救"与"互救"。

地震发生以后，灾区群众在饮食上要把好"病从口入"关。夏秋季节，痢疾、肠炎、肝炎、伤寒等传染病很容易发生和流行。预防肠道传染病的最主要措施，就是搞好水源卫生、食品卫生，管理好垃圾、粪便，并做好蚊蝇灭杀。

地震发生以后，饮用水的供水发生中断，因此，需要进行临时饮用水源的发现，以及要对临时饮用水进行消毒处理，并尽快修复自来水系统和水井，必要时也可打临时浅水井解决人们的饮水需要。

震后饮水问题的第一步就是寻找水源。根据震前了解的当地水源分布，并通过现场调查，寻找水量充分、水质良好、便于保护的水源。震后一切水源都可能受污染，因此对所有水源都要重新检验，确定可否饮用。选定的水源要加强防护，清除周围 50 米以内的厕所、粪坑、垃圾堆以及尸体等污染源，建立水源保护制度，设专人进行看管。

对混浊或不符合饮用卫生标准的水，要先净化后消毒。混水澄清的方法是用明矾、硫酸铝、硫酸铁或聚合氯化铝作混凝剂，适量加入混水中，用棍棒搅动，待出现絮状物后静置沉淀，直至水澄清。没有专门的混凝剂时，可就地取材，把仙人掌、仙人球、量天尺、木芙蓉、锦葵、马齿苋、刺蓬或榆树、木棉树皮捣烂加入混水中，也有助凝作用。

对水进行消毒最好也是最简单的方法是把水煮沸消毒，同时也可以使用漂白粉等氯素制剂消毒饮用水。按照水的污染程度，每升水加 1~3 毫克氯，15~30 分钟后即可饮用。为验证氯素消毒效果，加氯 30 分钟后应做水中剩余氯测定，一般每升水中还剩有 0.3 毫克氯时，才能认为消毒效果可靠。个人饮水每升加净水锭 2 片或 2% 碘酒 5 滴，振摇 2 分钟，放置 10 分钟即可饮用。

水源距居民点很远时，可用运水车拉水。按每人每日应急用水 5~6 升计算，一辆运水车每日可供约 3000 人。用运水车供水时，要设专人负责，将漂白粉加入水箱内进行消毒。降雨时，可用盆、雨布、塑料布等接水，澄清后加漂白粉消毒。储水可用缸、罐或水泥槽。对洗澡、洗衣用水，可在地上挖坑，里面垫塑料布，留小口加盖储水。

地震发生以后，也要特别重视饮食的卫生问题，否则可能发生食物中毒，或者引发其他方面的疾病。用于地震救灾的食品，要派专人负责对食品的储存、运输和分发进行卫生监督；对于挖掘出来的食品要进行检验和质量鉴定，检验合格后才能食用，腐败变质的食物要深埋处理。震后要保证供应的食品清洁卫生，将食具洗净、消毒，饭菜要烧熟煮透，现做现吃。饮食服务人员身体要健康，无传染病。对机关食堂、营业性饮食店要加强检查和监督，督促做好防蝇、餐具消毒等工作。震后要加强饮食卫生知识的宣传教育。要求人人不喝未经消毒的生水，不吃腐败变质和不洁的食物。

震后病疫预防中另一个重要的环节是管好厕所和垃圾、进行蚊蝇的灭杀。震后因厕所倒塌，人们大小便无固定地点；垃圾与废墟分不清，蚊蝇孳生严重。所以震后应有计划地修建简易防蝇厕所，固定地点堆放垃圾，并组织清洁队按时清掏，运到指定地点统一处理。蚊蝇是乙型脑炎、痢疾等传染病的传播者。消灭蚊蝇，不仅要大范围喷洒药物，还要利用汽车在街道喷药，用喷雾器在室内喷药，不给蚊蝇留下孳生的场所。在有疟疾发生的地区，要特别注意防蚊。晚上睡觉要防止蚊子叮咬。

最后，保持良好的卫生习惯是贯穿于整个病疫预防中的关键一环，每一位灾区群众对自己加强保护，就是对整个灾区负责任的做法。灾区群众共同努力，震后的病疫预防才会真正取得预想的效果。

第五节 震后常见病治疗

地震发生的瞬间，产生房屋倒塌等巨大的破坏，然而，地震的破坏远不止这些，纵使我们加强了对地震后病疫的预防措施，震后还是会不可避免地出现一些常见疾病，因此，掌握震后常见疾病的治疗方法，对灾区群众实现更完全的自救互救意义非同寻常。这里给出一些震后常见病、多发病的中医药治疗方法。

一、霍乱

霍乱是由霍乱弧菌引起的烈性肠道传染病。地震发生后的恶劣卫生条件，很容易引起霍乱的发生。霍乱的临床表现为起病急骤，剧烈泻吐，可导致脱水，电解质紊乱，肌痉挛和周围循环衰竭。

（一）寒霍乱

症状：泻吐频繁，泻下及呕吐物呈稀水或米泔水样，口不渴或喜热饮，形寒喜温，汗出肢冷。

1. 中成药：选用藿香正气胶囊、附子理中丸。

2. 基本方药：藿香正气散合附子理中汤加减，藿香15克，白芷12克，紫苏12克，茯苓20克，半夏曲12克，苍术、白术各10克，厚朴10克，干姜10克，桔梗6克，炙甘草10克。

（二）热霍乱

症状：泻吐频繁，泻下黄水或带黏液泡沫，呕吐物热臭酸腐，口臭，心烦口渴，腹中绞痛，小便黄赤。

1. 中成药：选用葛根芩连微丸、肠胃康冲剂、六合定中丸。

2. 基本方药：王氏连朴饮加减，黄连 10 克、厚朴 10 克、菖蒲 12 克、半夏 10 克、山栀 10 克、淡豆豉 10 克、芦根 30 克。

（三）干霍乱

症状：卒然腹中绞痛，欲泻不能，欲吐不得，烦躁闷乱，面色青紫，四肢厥冷，头汗出，脉象沉伏。

1. 中成药：玉枢丹。

2. 针刺：十宣针刺放血。

二、中暑

地震发生以后，由于受灾群众的居住条件有限，遇到夏季的炎热季节时，发生中暑的情况比较普遍。中暑是指在炎热季节，感受暑热之邪，骤然发生的以高热、汗出、烦渴、乏力或神昏、抽搐等为主要临床表现的一种急性热病。

（一）轻症

症状：头昏头痛，心烦胸闷，口渴多饮，全身疲软，汗多，发热，面红。

中成药：选用藿香正气（水）胶囊、十滴水、六一散、生脉饮；

绿豆汤、酸梅汤等。

（二）重症

症状：中暑呕吐，胸中满闷，恶心，头晕目眩等。

1. 中成药：藿香正气（水）胶囊、十滴水、六一散、生脉饮

2. 针刺法：取人中、合谷、十宣。用泻法。

3. 基本方药：王孟英清暑益气汤加减，西洋参 5 克、藿香 10 克、佩兰 10 克、石斛 15 克、麦冬 9 克、黄连 5 克、竹叶 6 克、荷梗 6 克、知母 6 克、甘草 3 克、粳米 15 克、西瓜翠衣 30 克、块滑石 15 克（先煎）、生甘草 5 克。

加减：

若出现突然昏倒，不省人事，手足痉挛，高热无汗，体若燔炭，烦躁不安，选用安脑丸或安宫牛黄丸鼻饲；清开灵注射液 30 毫升或醒脑静注射液 30 毫升，加入葡萄糖或生理盐水 500 毫升中静滴。

若高热神昏，手足抽搐，角弓反张，牙关紧闭，皮肤干燥，唇甲青紫。舌红绛，脉细弦紧或脉伏欲绝，选用紫雪、局方至宝丹鼻饲；高热者，选用清开灵注射液 30 毫升或醒脑静注射液 30 毫升，加入葡萄糖或生理盐水 500 毫升中静脉点滴。

三、咳嗽

震后受灾群众身体处于易感状态，可能出现感冒、急性气管炎、肺炎、肺气肿、肺间质纤维化、肺部肿瘤等各种疾病，这些疾病中

一种常见的临床症状便是咳嗽。对咳嗽进行有效的治疗，可以减轻对患者生活的影响。

（一）风寒咳嗽

症状：咳嗽声重，咳痰稀白，咽痒，气急，常伴有头痛、鼻塞、流清涕、怕冷、无汗等。

1. 中成药：选用通宣理肺丸（口服液）、急支糖浆、二母宁嗽丸。

2. 单验方：

川贝5克，用白梨一个蒸熟服用；

杏仁10克、萝卜子10克，水煎服；

青果10克、白萝卜100克切片，煎水频服。

3. 基本方药：三拗汤，炙麻黄6克、杏仁10克、生甘草10克、苏叶6克、金沸草15克、陈皮10克，水煎服，每服150毫升，每天2~3次，每日1剂。

（三）肺热咳嗽

症状：咳嗽频频，气粗声哑、咽喉疼痛、咳吐黄痰，或痰粘咳吐不爽，口渴欲饮等。

1. 中成药：羚羊清肺丸、止咳橘红丸、复方鲜竹沥口服液。

2. 单验方：生百合15克、款冬花10克、炙杷叶10克，水煎服，每日1剂。

3. 基本方药：麻杏石甘汤，炙麻黄6克、生石膏30~60克、炒杏仁15克、生甘草10克、桔梗15克，水煎服，每日1剂。

四、细菌性痢疾

震后水源受到污染，如果饮用水在处理的过程中没有能够很好地消毒，引发细菌性痢疾的可能会很大。细菌性痢疾简称菌痢，是由痢疾杆菌引起的常见肠道传染病，以急性发热等全身中毒症状与腹痛、腹泻、里急后重及排脓血样便等肠道症状为主要临床表现。

（一）单验方

1. 大蒜 10～15 克捣烂，马齿苋 30～60 克，煎水 1 碗，冲入蒜泥，过滤得汁，1 日 2 次分服。

2. 马齿苋 60～90 克（鲜草加倍），扁豆花 10～12 克，水煎加红糖，口服 2 次。

3. 取无花果，10 岁下每次用 1～2 个，10 岁以上每次用 2～3 个，捣烂加糖，红痢加白糖，白痢加红糖，兑水，砂锅内熬，候二三沸即可，将汤及果肉一并喝下。

（二）中成药

葛根芩连微丸、香连丸（片）等。

（三）基本方药

白头翁汤加味。白头翁 10～15 克、秦皮 10～15 克、黄连 10～12 克、黄芩 10～12 克、白芍 10～15 克、马齿苋 10～20 克、苦参 10～20 克、广木香 5～10 克、砂仁 3～6 克，水煎服，每日 1 剂。

加减：

呕吐者加姜半夏、竹茹 10 ~ 15 克；

血痢、腹痛甚加赤芍 12 克、地榆 15 克；

高热不退者加水牛角片 30 克、丹皮 12 克；

纳差者加焦山楂 15 克；

脱肛者加黄芪 15 克、天麻 6 克、赤石脂 15 克。

五、病毒性胃肠炎

如果地震发生在夏秋季节，则受灾群众很可能会患上病毒性胃肠炎这种常见病，临床上以恶心、呕吐、腹泻，呈水样便，每日数次或数十次，可伴有腹痛、腹胀，重者可伴有脱水、休克等。

（一）单验方

1. 石榴果皮 12 ~ 18 克，水煎后加红糖适量，1 日分 2 次服。或市售干燥石榴果皮 1000 克，加水 5000 毫升，煮沸半小时过滤。然后再加温水照上法重煎一次，将两次药液混合为 2000 毫升，冷却后加白糖适量备用。每 6 小时服药 1 次。每次服 20 毫升，疗程 7 ~ 10 天。

2. 大米汤 500 毫升，加半啤酒盖食盐（3 ~ 5 克）自制为口服补液，频服。

其他参见痢疾的有关治法。

（二）中成药

湿热较重，舌苔黄厚腻者，可选用蓼枫肠胃康颗粒；

伴外感风寒，舌苔白腻者，可选用藿香正气水（胶囊）。

（三）基本方药

葛根芩连汤加味：葛根 10 ~ 15 克、黄芩 10 ~ 12 克、黄连 10 ~ 12 克、生甘草 3 ~ 6 克、车前草 10 ~ 15 克、马齿苋 10 ~ 20 克，水煎服，每日 1 剂。

六、褥疮

震后有的受灾群众身体上有伤，可能需要长期卧床修养。褥疮是指长期卧床不起的患者，由于躯体的重压与摩擦而引起的皮肤溃烂，亦称为席疮。本病初起受压部位皮肤出现暗红，渐趋暗紫，迅速变成黑色坏死皮肤，痛或不痛，坏死皮肤与周围形成明显分界，周围肿势平塌散漫。继则坏死皮肤与正常皮肤分界处逐渐液化溃烂，脓液臭秽，腐烂自疮面四周向坏死皮肤下方扩大，坏死皮肤脱落后，形成较大溃疡面，可深及筋膜、肌层、骨膜。

（一）加强护理，重在预防。外治为主，配合内治。积极治疗全身疾病，并给以必要的支持疗法，注意饮食营养。

（二）中成药治疗

1. 湿润烧伤膏：将湿润烧伤膏涂于疮面约 1 毫米厚，凡士林油纱布覆盖后无菌纱布包扎，换药 1 次/天。对于深度褥疮疮面纱布覆盖的厚度要与皮肤持平，对于皮下潜行区域，将湿润烧伤膏制成油纱后填于腔内，用纱布覆盖。

2. 桂林西瓜霜喷剂：用于重度褥疮。常规清创，清除坏死组织后将西瓜霜均匀喷洒在整个疮面，以药物能被吸收为度，如局部渗液较多，即用干棉球擦干，继续喷洒药粉，直至药粉不再被浸湿为止。一般坚持重复2天左右渗液会明显减少，形成药物性结痂。结痂脱落后，疮面愈合。疮面采用暴露式。如有尿液或大便污染，未结痂的疮面，要及时清洗消毒喷洒药粉，已结痂的擦干便可。

3. 云南白药：用于重度褥疮。疮面先用过氧化氢溶液、生理盐水清创，清除坏死组织，常规消毒皮肤，将云南白药粉均匀撒于疮面上约0.5毫米厚，用无菌纱布压敷药粉数分钟，使药粉与疮面充分接触，外用无菌纱布，每天换药1次。

4. 双黄连粉针剂：局部常规消毒，用双黄连粉针剂均匀涂于褥疮溃疡面上，盖以无菌纱块固定，换药每天换药1次。

5. 紫花烧伤膏：适用于各期褥疮。轻度褥疮直接将紫花烧伤膏涂于疮面上，每日3~4次，暴露疮面。中、重度褥疮先常规清创，清除坏死组织，消毒皮肤后，用红外线照射30分钟，再用紫花烧伤膏均匀涂于疮面，约1毫米厚，然后用本品制作的无菌油纱布3~5层覆盖疮面，外盖无菌敷料，每日换药3次。

（三）单验方

1. 芦荟：采用3年以上芦荟叶片。根据褥疮疮面大小，将芦荟叶片割下，清水洗净，用刀将叶片四周外层薄薄削除，然后用开水冲洗，再用无菌刀片削去外层，使其露出带有水分的内层备用。用生理盐水清创，将露出带有水分的内层直接贴于疮面，外面再以无菌敷料包扎，以防叶片水分过度蒸发，每日 1 次，同时加强皮肤护理。

2. 滑石粉：用于中期褥疮。将滑石粉用单层纱布包裹成小包，高压灭菌后备用。碘伏消毒水疱周围皮肤，滑石粉小包置于水疱上，与疮面充分接触，覆盖敷料包扎，每日换药 1 次。水疱吸收后巩固换药 1 ~ 2 天，然后采用暴露疗法，用碘伏涂擦疮面即可。疮面避免受压，定时更换体位。

3. 凤凰衣：取鲜鸡蛋，打碎，倒出蛋黄和蛋清，轻轻剥去外壳，可见内面之薄膜，即凤凰衣。若疮面表浅，仅用凤凰衣覆盖患处即可，若疮面较深或合并感染者，常规清创后，取抗生素液滴于表面，然后将凤凰衣覆盖患处，每隔 2 天或 3 天换药 1 次。用于中、重度褥疮。

七、荨麻疹

震后比较恶劣的卫生条件为各种皮肤病的滋生创造了可能，荨麻疹就是其中一种常见的过敏性皮肤病。荨麻疹的基本损害为潮红斑片或风团，骤然发生、迅速消退、愈后无任何痕迹，剧烈瘙痒。

（一）中成药

可选用防风通圣丸、玉屏风散、肤痒颗粒等。

（二）局部治疗

炉甘石洗剂外擦；或楮桃叶水剂浸浴。

（三）基本方药

1. 风热犯表：风团色红灼热，瘙痒较剧，可伴有发热，恶寒，咽喉肿痛或呕吐，腹痛，便秘，舌质红苔薄白或薄黄，脉浮数。

荆防方加减：荆芥穗 10 克、防风 10 克、金银花 15 克、牛蒡子 10 克、牡丹皮 15 克、浮萍 10 克、生地 10 克、黄芩 10 克、蝉衣 6 克、薄荷 6 克（后下）、甘草 10 克等。

2. 风寒束表：皮疹呈粉白，遇风寒皮疹加重，口不渴，或有腹泻，舌质淡红、舌体胖、苔白，脉浮紧。

麻黄方加减：麻黄 6 克、杏仁 9 克、干姜皮 10 克、浮萍 10 克、牡丹皮 15 克、陈皮 10 克、丹参 10 克等。

3. 胃肠湿热：皮疹片大色红，瘙痒剧烈，可伴有脘腹疼痛，恶心呕吐，大便秘结或泄泻，舌质红苔黄或黄腻，脉弦滑数。

防风通圣散加减：防风 10 克、荆芥 10 克、连翘 10 克、麻黄 6 克、薄荷 6 克（后下）、当归 10 克、白芍 15 克、栀子 6 克、黄芩 10 克、熟军 10 克、白术 10 克、六一散 20 克、赤小豆 10 克等。

4. 血虚风燥：皮疹反复发作，迁延日久，午后或夜间加重；可伴心烦易怒，口干，手足心热，舌质淡红苔白而少津，脉沉细。

当归引子加减：当归 10 克、川芎 10 克、熟地 10 克、白芍 15 克、首乌藤 15 克、生黄芪 10 克、防风 10 克、芥穗 10 克、甘草 10 克、刺蒺藜 9 克等加减。

八、毒蛇咬伤

震后，受灾群众的房屋受到损坏，或是干脆住在临时搭建的帐篷里，这时就可能会发生被毒蛇咬伤的情况。毒蛇咬伤是一种急性中毒性疾病，病情危急，如果得不到及时、有效的抢救和治疗，可能会在很短的时间内就致人死亡或致残。被毒蛇咬伤后症状的轻重与蛇的大小、蛇毒进人体内的多少、蛇毒的种类有密切关系。

（一）外治疗法

1. 肢体结扎法：在咬伤伤口近心端关节的上方进行结扎，并保持患肢尽量下垂位，结扎紧度以能阻断淋巴液和静脉血液回流，以阻止和延缓蛇毒的吸收，但结扎不宜过紧，时间不宜过长。一般以不防碍动脉血的供应为宜。结扎期间，注意观察指（趾）端活动情况及血供情况，常规每隔 60 分钟松开 1～2 分钟。一般在伤口排毒或应用有效的蛇药 30 分钟后，可去掉结扎。如咬伤超过 12 小时，则不宜结扎。

2. 针刺排毒法：常规消毒后，在足蹼间（八风穴）针刺或手指蹼间（八邪穴），皮肤消毒后，用注射针头与皮肤平行刺入约 1 厘米，迅速拔出后将患肢下垂，并由近心端向远心端挤压，以开泄腠理，外泄毒邪，解毒消肿。对病情较轻，肢体肿胀轻微者，可单用针刺法，对病情较重，肢体肿胀明显者，可联合切开扩创排毒法。

3. 冲洗排毒法：以大量的 1∶5000 高锰酸钾溶液或呋喃西林溶

液、双氧水反复多次冲洗，切勿在未经冲洗前扩创排毒。

4. 切开扩创排毒法：常规消毒局麻后，沿牙痕纵行切开 1～1.5 厘米，或作"＋"切口，以减轻患处张力，加速消肿及防止或减少肌肤溃烂，但切口不宜过深，深达皮下，与牙痕深度平齐即可，并用纹式钳沿皮下向切口周围稍作钝性分离，如有毒牙遗留应取出。后用 1:5000 高锰酸钾溶液或呋喃西林溶液、双氧水反复多次冲洗，同时湿敷伤口，保持引流畅通，以防伤口闭合。但对血循毒患者或伤口流血不止，有全身出血现象者，则不宜扩创。注意保持伤口引流通畅，避免闭合。

5. 环形封闭疗法：毒蛇咬伤后及早应用 2% 利多卡因溶液 10 毫升加地塞米松 5 毫克，加入 0.9% 生理盐水溶液中，于患肢伤口近端关节的上方进行环形封闭，深度达皮下，剂量根据患肢大小而酌定。

6. 箍围疗法：用金黄散与清凉油乳剂油等混合调匀成膏糊，将药均匀涂敷于伤口周围及肿胀处，范围应超出肿胀部位 5～10 厘米，并有一定的厚度，且保持适当的湿度。

7. 贴敷疗法：在伤口周围及肿胀处，可外敷金黄膏，掺季德胜蛇药片。

8. 中药灌肠：可选用生大黄粉 10～30 克保留灌肠，以加快毒素排泄，防治内脏损害。

9. 祛腐生肌法：对出现蛇伤性溃疡，疮面有坏死组织及脓性分泌物，可用九一丹掺于疮面，待脓腐脱尽时改用生肌散换药，直至伤口愈合。局部用药还可采用清热解毒草药，如半边莲、银花、鱼腥草等煎汤外敷。

（二）中成药

可酌情选用季德胜蛇药片、蝎蜈胶囊、南通蛇药等口服或局部敷药。亦可选用上海蛇药口服或肌内注射并用。

1. 季德胜蛇药片：专治毒蛇、毒虫咬伤。取本品 20 片，捻碎，以温开水（如加少量酒更好）服下，以后每隔 6 小时续服 10 片，至患者蛇毒症状明显消失，即可停止服药。

2. 蝎蜈胶囊：适用于风毒偏甚者。

3. 南通蛇药：对蝮蛇咬伤效果较好，其毒是以血循毒为主的混合毒，即风火毒证。首次 20 片，以后 10 片，每 6 小时 1 次，至全身或局部症状消退。局部敷药：冷水将蛇药片溶成糊状，涂于伤口周围约 1~2 厘米处（勿涂于伤口上）。

4. 上海蛇药：对各种毒蛇咬伤均有作用，须口服或肌内注射并用。口服：首次 20 毫升，以后每 6 小时服 10 毫升，至中毒症状消失为止。重症病例首剂 30 毫升，以后每 4 小时 20 毫升，好转后改为维持量。肌内注射：首次 1 支，以后酌情每 4~6 小时注射 1 支，至中毒症状好转。

（三）基本方药：蛇伤败毒汤，半边莲 30 克、半枝莲 30 克、七叶一枝花 30 克、白花蛇舌草 30 克、生大黄 12 克（后下）、枳实 15 克、车前草 15 克。

加减：

1. 风毒证（以神经毒症状为主）：神经毒素引起的骨骼肌弛缓性麻痹，以头颈部为先，到胸部，最后到腹肌，加白芷、僵蚕、蝉衣、钩藤；抽搐频繁者加蜈蚣、全蝎。

2. 火毒证（以血循症状为主）：血循毒素对心血管和血液系统产生多方面的影响，具有溶血、出血、伤口局部肿胀、组织坏死、溃烂或溃疡等病理特性，合犀角地黄汤、黄连解毒汤加减；瘀斑甚，加仙鹤草、生蒲黄、白茅根、大蓟、小蓟、旱莲草、地榆。

3. 风火毒证（以混合毒症状为主）：同时具有风毒证（以神经毒症状为主）和火毒证（以血循症状为主）表现，加生地、赤芍、丹皮、白芷、僵蚕。

此外，上肢咬伤，加桑枝；下肢咬伤，加牛膝；眼睑下垂、复视，加夏枯草、白芷；恶心呕吐，加姜半夏、竹茹；昏迷，加安宫牛黄丸鼻饲；肝功能损害，加茵陈、虎杖、山栀、垂盆草；肾功能受损，加玉米须、六月雪；心肌功能受损，加麦冬、五味子、苦参。

如患者呼吸困难，则应给予吸氧或根据病情采用机械通气。昏迷的病人给鼻饲安宫牛黄丸，静滴醒脑静等。

九、失眠症

震后除了身体上常见的疾病外，心理紧张等因素的影响，受灾群众也可能会出现各种类型的心理问题，比如失眠症、抑郁症、焦虑症、恐怖症、癔症就是常见的震后心理疾病。

失眠通常指患者对睡眠时间和（或）质量不满足并影响白天社会功能的一种主观体验，包括难以入睡、睡眠不深、易醒、多梦、早醒、醒后不易再睡、醒后不适感、疲乏困倦。

（一）辨证治疗

1. 肝郁化火

症状：少寐易醒，噩梦纷纭，甚则彻夜难眠，性情急躁易怒，不思饮食，口渴喜饮，口舌生疮，目赤口苦，小便黄赤，大便秘结，胁肋胀痛。

（1）中成药：选用牛黄清心丸、枣仁安神液。

（2）单验方：酸枣仁 10 克、熟地 10 克、粳米 30～60 克。将酸枣仁微炒后捣碎，与熟地同煎取汁，再用药汁加入粳米煮粥服食。

（3）针灸：水沟、太冲、合谷、三阴交、肝俞、心俞、安眠、足三里。火盛者可行刺络放血。

（4）基本方药：龙胆草 6 克、黄芩 10 克、山栀 10 克、泽泻 10 克、通草 10 克、柴胡 10 克、车前子 10 克（包）、生地黄 10 克、当归 10 克、炒枣仁 15 克。水煎服，每日 1 剂，分 2 次。

2. 痰火内扰

症状：胸闷脘痞，心烦不眠，伴泛呕嗳气，头重目眩，心烦口苦，痰多，或大便秘结，彻夜不眠，舌红，苔黄腻，脉滑数。

（1）中成药：朱砂安神丸。

（2）针灸：申脉、照海、丰隆、中脘、脾俞、心俞、内关、足三里、三阴交。

（3）基本方药：半夏 10 克、橘皮 10 克、竹茹 10 克、枳实 10 克、黄连 6 克、炒枣仁 15 克、甘草 6 克。水煎服，每日 1 剂，分 2 次。

3. 心肾不交

症状：心烦不寐，心悸不安，头晕，耳鸣健忘，腰酸梦遗，五心烦热，口干津少，舌红、少苔，脉细数。

（1）中成药：选用安神补心胶囊、柏子养心丸。

（2）食疗：桂圆肉 15～30 克、莲子 15～30 克、红枣 5～10 枚、糯米 30～60 克。将糯米洗净，加入桂圆、莲子和红枣，注入清水一起煮粥，服食前加少许白糖即可。

（3）针灸：太溪、神门、百会、阴陵泉、肾俞、心俞、内关、足三里、三阴交。

（4）基本方药：黄连 6 克、黄芩 9 克、白芍 12 克、阿胶（烊化）10 克、生地 10 克、炒枣仁 15 克、甘草 6 克。水煎服，每日 1 剂，分 2 次。

4. 心脾两虚型

症状：多梦易醒，心悸健忘，神思恍惚，面色少华，头晕目眩，肢倦神疲，饮食无味、面色少华，或脘闷纳呆，舌淡，苔薄白或滑腻，脉细弱，或濡滑。

（1）中成药：人参归脾丸。

（2）食疗：桂圆肉 15 克，莲子米 15 克，洗净一起放入锅内，加水煮汤，然后再加入适量冰糖。每日早、晚各吃 1 次，可长期服食。

（3）针灸：脾俞、心俞、内关、百会、阴陵泉、足三里、三阴交。

（4）基本方药：党参 10 克、白术 10 克、黄芪 10 克、茯神 10 克、远志 10 克、龙眼肉 10 克、酸枣仁 15 克、木香 10 克、当归 10 克、生姜 6 克、大枣 6 克、炙甘草 10 克。水煎服，每日 1 剂，分 2 次。

5. 心胆气虚型

症状：心烦不眠，多梦，易惊易醒，胆怯，心悸，遇事善惊，气短倦怠，小便清长，舌淡，脉弦细。

（1）中成药：七叶神安片。

（2）食疗：夜交藤 60 克、粳米 50 克、大枣 3 枚。夜交藤用温水浸泡 10 分钟后加水煎制，去渣取汁，再加入粳米和大枣同煮粥，待粥好后加入少量白糖即可服食。

（3）针灸：肾俞、胆俞、心俞、魄户、志室、阳陵泉、阴陵泉、四神聪、内关、足三里、三阴交。

（4）基本方药：石菖蒲 15 克、远志 15 克、党参 9 克、茯苓 15 克、龙齿（先煎）15 克。水煎服，每日 1 剂，分 2 次。

（二）默坐澄心法：入睡前，取仰卧位，放松全身肌肉，然后微合双眼，呼吸轻柔自如，心中默念"松"、"静"二字。呼气时默念"松"字，同时想象全身松弛；吸气时默念"静"字，想象心中一片澄静，虚空无物。默念松静二字时不可出声，只是存想于心中，并随着轻松的呼吸一松一静，交替进行。本法无须意守，也不要强求排除杂念，只要配合自然呼吸略做默想，即可身形松弛而逐渐入睡。

十、抑郁症

震后出现的抑郁症，主要是因为地震带来的不安情绪作用而引起的情感性障碍，以情绪低落，思维迟缓和运动抑制为典型的三低症状，抑郁症重症者可能会有自杀倾向。

（一）针灸：印堂、百会穴、四神聪、前顶、风池、合谷、太冲，每天 1 次，10 次为一疗程，治疗 3～4 个疗程。

（二）情志相胜：喜疗——以喜胜忧；怒疗——以怒胜思。

（三）辨证治疗

1. 肝郁脾虚

症状：多愁善感，悲观厌世，情绪不稳，唉声叹气，两胁胀满，腹胀腹泻，身倦纳呆，舌淡红，苔薄白，脉弦细。

基本方药：柴胡 12 克、白芍 10 克、当归 10 克、茯苓 10 克、白术 10 克、佛手 9 克、党参 10 克、甘草 6 克。水煎服，每日 1 剂，分 2 次。

2. 气滞血瘀

症状：情绪抑郁，自杀企图，心情烦躁，思维联想缓慢，运动迟缓，面色晦暗，胁肋胀痛，舌质紫暗或有瘀点，苔白，脉沉弦。

基本方药：柴胡 15 克、香附 15 克、陈皮 15 克、川芎 9 克、枳壳 6 克、白芍 15 克、当归 15 克、丹参 15 克、桃仁 10 克、红花 10 克、甘草 6 克，水煎服，每日 1 剂，分 2 次。

3. 阴虚火旺

症状：情绪不宁，烦躁，易激惹，伴心悸，失眠，多梦，五心烦热，口干咽燥，舌红少苔，脉细数。

基本方药：当归、白芍、酸枣仁、熟地、山药、山茱萸、茯苓、泽泻、丹皮各 12 克，柴胡、栀子各 6 克，水煎服，每日 1 剂，分 2 次。

十一、焦虑症

震后的焦虑症是由于受灾群众亲历地震、面对亲人的死亡，对已经不存在的地震威胁依然心有余悸。受灾群众的焦虑情绪并非由实际威胁所引起，或其紧张惊恐程度与现实情况很不相称，临床可分为广泛性焦虑症和急性惊恐两类。

（一）针灸：可以取双侧神门、太冲，留针20分钟，也可配合电针。

（二）放松疗法

1. 练习者以舒适的姿势靠在沙发或躺椅上，闭目。

2. 将注意力集中到头部、颈部、肩臂、胸腹、腿部，逐次放松，最终，全身松弛处于轻松状态，保持一两分钟。按照此法学会如何使全身肌肉都放松，并记住放松程序。每日照此操作2遍，持之以恒，必会使心情及身体获得轻松，睡前做一遍则有利于入眠。

（三）辨证治疗

1. 心虚胆怯

症状：心悸，善惊易恐，坐卧不安，少寐多梦。

基本方药：龙齿30克（先煎）、琥珀30克、磁石30克（先煎）、朱砂0.3克（冲）、菖蒲15克、远志15克，水煎服，每日1剂，分2次。

2. 肝郁化火

症状：性情急躁易怒，少寐易醒，噩梦纷纭，甚则彻夜难眠，不思饮食，口渴喜饮，口舌生疮，目赤口苦，小便黄赤，大便秘结，胁肋胀痛。

基本方药：龙胆草6克、黄芩10克、山栀10克、泽泻10克、柴胡10克、白芍10克、生地黄10克、当归10克、炒枣仁15克。水煎服，每日1剂，分2次。

3. 阴虚火旺

症状：心悸不宁，心烦少寐，头晕目眩，手足心热，耳鸣腰酸。

基本方药：生地15克、玄参15克、麦冬15克、天冬15克、当归9克、丹参9克、党参15克、茯苓20克、远志15克、炒枣仁15克，水煎服，每日1剂，分2次。

十二、恐怖症

震后的恐怖症是指受灾群众对某一特定物体、场景所产生的异乎寻常的强烈恐惧或紧张不安的内心体验，从而出现回避表现，难以自控。比如，震时被埋压的人员可能就会对封闭空间充满恐惧和紧张，震时在公交车上的人员可能害怕坐公交车，这些都属于恐怖症的情况。

（一）针灸：百会、印堂、四神聪、风府、肾俞、心俞，留针30分钟，10分钟行针1次，每日1次，10次为一疗程。

（二）系统脱敏疗法：

第一步：建立恐怖或焦虑的等级层次，这是进行系统脱敏疗法的依据和主攻主向；

第二步：进行放松训练；

第三步：要求求治者在放松的情况下，按某一恐怖或焦虑的等级层次进行脱敏治疗。

（三）暴露疗法

要持久地让被试者暴露在惊恐因子面前，惊恐反应也终究会自行耗尽。在泛滥治疗前，应向患者认真地介绍这种治疗的原理与过程，如实地告诉患者在治疗中必需付出痛苦的代价。

（四）辨证治疗

1. 心肾不交

症状：心悸恐惧，惊则遗尿，腰膝酸软，遗精盗汗，失眠虚烦，面部烘热，舌红少苔，脉细弱。

基本方药：附子6克，肉桂3克，熟地、山萸肉、茯苓、肉苁蓉各12克，山药、仙灵脾各15克，黄芪15克，当归10克，炙甘草6克，水煎服，每日1剂，分2次。

2. 心胆气虚

症状：遇事少谋寡断，胆怯善恐，面色无华，气短乏力，舌质淡，苔薄白，脉弱。

基本方药：石菖蒲15克、远志15克、党参10克、黄芪10克、茯苓15克、龙齿（先煎）15克。水煎服，每日1剂，分2次。

十三、癔证

震前本身就有精神疾病的人员，或是在地震中受到强烈刺激，进而精神产生障碍的人员可能会成为癔症患者。癔症，又称歇斯底里症。这是一类由精神因素引起的精神障碍。主要表现为各种各样的躯体症状，意识范围缩小，选择性遗忘或情感爆发等精神症状，但不能查出相应的器质性损害。该病以暗示疗法为主，药物治疗为辅。

（一）针灸

1. 针刺水沟穴：选用 1.5 寸毫针，向上斜刺 0.5 寸，给予捻转强刺激，手法为平补平泻，同时嘱患者跟着医生念 1、2、3，持续约 1 分钟后留针 10 分钟；再行针和嘱患者跟着医生数数，持续约 1 分钟后再留针 20 分。

2. 针刺涌泉穴：先对患者足心进行揉按，以左手固定足腕，右手持 30 号毫针，快速穿皮进针，一边行紧按、慢提伴旋转的手法，一没观察患者表情进行语言诱导。3 分钟后仍不缓解者加对侧涌泉穴，憋气者加内关穴，经双侧行针仍不能恢复者，每隔 5 分钟左右交替行针一次直至恢复。

（二）中成药：乌灵胶囊、加味逍遥丸。

（三）解释性心理治疗：让患者及其家属知道，癔症是一种功能性疾病，是完全可以治愈的。消除患者及其家属的种种疑虑，稳定患者的情绪，使患者及其家属对癔症有正确的认识，并积极配合医生进行治疗。引导患者认识病因及病因与治疗的关系，应给予患者尽情疏泄的机会，给予适当的安慰或鼓励。

（四）暗示治疗：在施行暗示治疗时，治疗环境要安静，一切无关人员均要离开治疗现场，医生在接触病人并做全面检查的过程中，态度应热情沉着、自信，要对治疗充满信心，建立良好的医患关系，使病人信任医生。在言语暗示的同时，应针对症状采取相应的措施，如吸入氧气，针刺，给予注射用水或维生素 C 针剂肌肉注射，静脉推注钙剂及电兴奋治疗。

（五）辨证治疗

基础方：柴胡 10 克、川芎 10 克、当归 10 克、龙骨 30 克、牡蛎 30 克、陈皮 10 克、白术 10 克、茯苓 15 克、夜交藤 15 克、柏子仁 10 克、甘草 6 克。日煎 1 剂，分 2 次服，20 天为一疗程。

后　　记

　　汶川地震发生以后，我国政府展开了快速的救援行动，挽救了许多灾区群众的生命。汶川地震的发生，一方面让我们感到了地震离我们确实很近，另一方面也让我们思考地震中如何实现自救与互救，以挽救更多人的生命。

　　中华民族是一个从来都不缺少伤痛记忆的民族，也是一个从来不曾被灾难压垮脊梁的民族。我们在地震灾害这样的灾难面前，我们在地震刻就的血的伤痛面前，除了保持坚强，一往无前地继续向未来走去；还应该思索我们缺少怎样的一种品质，应该想想我们要从灾难中学会什么道理。地震给予我们的最大启示，莫过于珍惜生命，如果要对珍惜生命进行进一步的阐述和展开，那就是在地震这样的灾难面前，人们如何实现自救，如何在别人遭遇困难的时候伸出援助之手。换言之，地震中如何实现自救与互救是我们从地震中应该学到的最深刻的课程，这认识虽然异常昂贵，但又是非常值得。

　　通过对震前的地震认识和防震准备、震时和震后短时的自救与互救、震后长期的身心救助的分析和梳理，我们发现地震自救与互救的内涵非常丰富，对其的认识和理解也有着无限大的开拓空间。本书算是对过往的一次总结，更是对开启地震自救与互救研究和讨论的一次尝试。正如生命的不息，地震自救与互救的研究与认识，也会一直向前发展的。

本书的编写涉及很多地震和其他方面的专业知识，由于编者水平所限，难免存在各种错误和纰漏，欢迎广大读者批评指正。另外，本书在编写过程中参考了大量前人的资料和研究成果，在此表示感谢。